홍규덕 교수의
국방혁신 대전략 02

북한의
핵·미사일 위기와
정보역량 강화

 미래 한국의 상쇄전략을 구현하기 위해 가장 중요한 우선순위는 무엇일까? 단연코 정보·감시·정찰 즉 ISR 역량의 확충이다. 적을 먼저 봐야, 타격이 가능하기 때문이다. 선제타격에 대한 논쟁이 적지 않지만 합동참모본부의 교리에도 명시된 자위적 억제를 위해 선제타격은 불가피한 우리의 선택이자 생존을 위한 유일무이한 수단이다. 다만 이러한 수단의 선택이 가능하게 만들자면 위협 세력의 동태를 정확하게 찾아낼 수 있는 정보역량을 먼저 갖추어야 한다.

 탐지 역량에는 위성이 가장 중요한 자산이다. 현재 두 가지 주장이 공존한다. 첫째, 고해상도 위성을 최대한 많이 확보해야 한다. 고해상도 위성사업(425 사업)이 '보여주기식'이 되지 않으려면 4~5기 수준의 현 중기계획 목표에 결코 만족할 수 없기 때문이다. 최대 15기에서 20기 이상을 확보할 수 있도록 신속 투자가 필요하며, 목표 달성 시점도 최대한 앞당겨야 한다는 주장이 설득력을 갖는다. 전 국방정보본부장을 역임한 김황록 장군이 이러한 주장에 앞장서고 있다. 이에 반해 우주과학 전문가들은 인공위성뿐 아니라 초소형 위성을 개발해 인공위성의 보조 역할을 확대해야 한다고 주장한다. 조형희 연대 항공우주전략연구원장, 이창진 건국대 교수, 항공우주연구원의 주광혁 박사 등이 이러한 입장에 찬성한다. 이들은 두 가지 관점에서 초소형 위성의 중요성을 강조한다.

첫째, 고해상 인공위성의 확보가 중요하고 동시에 보조적 기능을 할 수 있는 수단과 반복 사용이 가능한 생성역량(Regenerative Capability)이 중요하다. 최고만을 지향하기보다는 저비용으로, 위성 순환 주기에 무관하게 다량의 위성을 필요한 현장에 투입해야 하기 때문이다. 둘째, 한국의 기술력 향상에 대한 고려이다. 향후 수십조 원의 부가가치가 있는 신흥 위성 시장에 민간 기업들이 경쟁적으로 뛰어들고 있다. 한국의 경쟁력 향상을 위해서는 당장은 해상도에서 뒤떨어 지지만 우리의 힘으로 초소형 위성 사업을 발전시킬 필요가 있다.

두 학파의 주장이 다 옳다. 또한 이러한 주장들이 결코 상호 배타적이지도 않다. 다만 제한된 예산을 운용해야 하는 국방부와 예산부서의 입장에서 일시적 trade-off 관계가 발생하며 이를 피하기 어렵다. 필자는 한국의 안보 현실을 고려할 때 고해상도 위성의 추가 확보에 획득 우선순위를 두고, 초소형 위성 사업은 경제 안보 차원에서 별도로 관리할 것을 제안하고자 한다.

과거 레이건 행정부 시절 '스타 워즈' (별들의 전쟁)에 대한 논쟁이 활발했던 시절이 있었다. 필자가 미국에서 유학을 시작한 해가 바로 1982년이다. 1983년 미국외교정책 수업에서 이러한 논쟁이 실제로 재현됐다. 지도교수를 포함 미국의 대학원생들은 대부분 우주의 활용을 통해 경쟁국 소련에 대한 전략적 우위를 확보해야 한다는 논리에 동조했다. 물론 반대의 목소리도 적지 않았다. 그들은 첫째, 천문학적 비용의 초래에 따른 경제적 부담, 둘째, 1967년 체결된 외기권 조약에 대한 위배, 셋째, 소련과의 군비 경쟁을 부추긴다는 측면에서 위험성을 제기했다. 당시 필자는 공상과학 같은 주장에 믿음이 가지 않았다. 다만 찬성론자들이 주장하는 "Bright Day"(밝은 대낮)와 같은 구호는 쉽게 이해할 수 있었다. 소련이 가진 수많은 핵과 미사일 관련 시설과 발사체들의 움직임을 대낮같이 환하게 샅샅이 살펴볼 수 있는 역량을 확보해야 한다는 부분이다. "위성을 통한 감시" 논리는 많은 비판에도 불구하고 설득력이 충분했다. 다양한 우려와 예산상의 압박에도 불구하고 우주에서의 경쟁은 40년이 지난 오늘날 현실이 됐다. 특히 첨단 기업의 경영진, 엔지니어, 과학자들은 레이건 정부가 주창한 전략방위구상(SDI) 개념에 찬성했으며, 우주공간의 지배를 위해 지속적인 투자를 아끼지 않았다. 현재 우주는 민간 기업들의 진출이 두드러지고 있다. 과학기술 관련 학계는 물론 항공우주산업이 미래 산업으로 각광을 받기 시작했기 때문이다. 특히 위성사업은 R&D 예산 확대와 일자리 창출에도 크게 이바지할 수 있다는 점에서 부가가치를 인정받고 있다. 인공위성 사업의 중요성은 오늘날 대한민국에도 해당된다.

필자는 2016년 미국의 안보 전문가인 대릴 프레스와 키어 리버 교수팀과 카네기 연구 과제에 함께 참여한 적이 있다. 이들 교수진은 북한의 핵 능력을 제거하기 위해서는 기본 가정부터 달라져야 한다고 주장했다. 당시 북한의 위험지역에 대한 위성 감시 능력이 43% 정도에 불과했다. 연구진은 탐지 역량을 점진적으로 확대하는 전통적 방법에서 벗어나야 한다고 주장했다. 이들은 레이건 시절의 Bright Day와 같은 구호처럼 북한의 위험시설들을 관측 가능한 목표를 100%에 맞추고 이를 달성할 수 있는 새로운 수단을 확보하는 보다 적극적인 방법을 선택했다. 인공위성의 사각지대를 보완하기 위해 UAV, 드론, 초소형 위성 등을 최대한 가동하는 것이다. 북한의 주요시설과 이동식 발사체 (TEL)의 움직임을 완벽에 가깝게 찾아내야 자위적 억제가 가능하기 때문이다. "핵이 절대무기"라고 주장한 버나드 브로디 교수의 가정은 더는 통용되기 어렵다. 4차 산업혁명 시대에는 데이터 센싱 능력이나 AI 능력을 통해 북한의 움직임을 시시각각 파악할 수 있다. 북한이 비록 200여개의 이동식발사대(TEL)를 운영한다 해도 그들의 행동반경을 모두 파악할 수 있어야 한다. 북한의 열악한 도로 사정과 교량의 취약성을 고려한다면 육중한 차륜형 운반체들이 먼 거리를 이동할 수 없다. 산악지형이 대부분인 북한에서 운행 반경이 매우 제한되기 때문이다. 연구진은 특수차량의 차고지, 주유 시설, 미사일 탑재를 위한 탄약저장 시설 등을 중심으로 주요 운행기록을 사람의 손이 아닌 고성능 컴퓨터와 AI로 찾아 기록해야 한다고 주장한다. 특히 그들은 2016년 International Security에 발표한 논문 기고를 통해 B61-12와 같은 새로운 정밀고폭탄을 사용하게 되면 지하에 깊숙이 추진된 북한의 주요 핵시설과 핵물질들을 안전하게 제거할 수 있다고 확신한다. 타격시 가장 우려되는 방사능 확진의 추가 피해 없이 목표를 제거할 수 있는 기술적 수준에 도달할 수 있다. 결국 첨단기술력에 의한 탐지 및 타격 능력의 개발이 관건이며 이러한 신기술은 한미 공동의 억제력을 대폭 증가시킬 수 있다. 그들의 연구가 공개 발표된 지, 어느새 6년이 흘렀다. 미국은 그동안 핵 태세보고서(Nuclear Posture Review)를 통해 이러한 비핵전략무기 역량을 대폭 증가시켜 왔다. 특히 전략폭격기용 B61-12와 원자력 추진 잠수함용 전략무기인 W76-2를 2019년 말까지 작전 배치를 완료하는 성과를 거두고 있다.

우리는 어떤가? 우리도 전략 타격이 가능한 현무 시리즈를 꾸준히 개발했다. 문재인 대통령이 2017년 안흥 시험장에서 현무 2 시험발사를 참관했다. 2년 뒤인 2021년 9월 15일에는 현무 4의 시험발사에도 직접 참관했다. 2톤짜리 재래식 탄두를 장착, 파괴력은 대폭 증가가 됐다. 그러나 아직 탄도미사일의 운영을 위한 상쇄전략 차원에서의 독트린은 부재하며, 한미동맹 차원의 확장억제를 위한 준비나 합의를 계획에 반영하지 못하고 있다.

바이든 행정부가 취임한 이후 '핵 선제 불사용'(No first Use)에 대한 새로운 문구를 핵태세 보고서에 담으려는 시도로 인해 주요 동맹국들과 미국내 강경론자들의 적극적 반대에 직면해 있다. 특히 미국의 바이든 행정부는 북한과의 대화를 강조하면서 "북한에 대한 적대감을 갖고 있지 않다"는 원론적 입장을 반복하고 있다. 그러나 김정은 취임 이후 지난 10여 년간 북한의 핵 고도화 역량은 일취월장하고 있다. 특히 2021년 1월 8차 전당대회 당시 김정은이 지침을 내린 각종 전술 유도탄들의 시험발사가 빠른 속도로 진행되고 있으며 전술핵 개발 의도를 공개적으로 발표했다는 점은 위협이 아닐 수 없다. 2022년 들어 9 번째 진행되고 있으며, 윤석열 정부 출범 이후 더 확대될 가능성이 있다. 따라서 한미 간의 확장억제에 대한 구체적이고 상세한 협력이 그 어느 때보다 필요한 시점이다. 새로운 확장억제 정책을 만들어가는 과정에서 특히 미국의 전략무기에 전적으로 의존하는 것은 바람직하지 않다. 따라서 상쇄전략에 대한 구체화 과정에서 우리의 장점과 비교우위를 파악하고 부족한 점에 대한 보완을 어떻게 할 것인지에 대한 세밀한 준비가 필요하다. 이러한 토대를 바탕으로 한미 간 구체적인 임무와 역할의 배분이 가능할 것이다.

향후 한미동맹의 재건 내지 복원 과정에서 정보력의 유지 및 발전은 매우 중요한 요소이다. 특히 미사일 방어의 핵심은 정보의 공유이다. 인공위성의 정보가 실시간으로 우리 요격미사일 부대까지 전달이 돼야 한다. 북한의 핵미사일 위협이 확대된 만큼 미국과의 합동 요격 역량을 극대화하기 위한 구체적 연습이 필요하다. 사드의 추가배치 여론과 함께 개량형 패트리엇을 사드 포대에 연계하기 위한 노력이 진행 중이지만 북한이 다종의 미사일들을 한꺼번에 발사한다면 이를 차단하기 어렵다는 게 전문가들의 공통된 견해이다.

정보역량의 확대와 관련 두 가지 요소가 필요하다. 첫째는 정보 우위를 확보하기 위한 비전과 독트린을 만드는 일이다. 다영역 작전의 시대 주변국들과의 격차를 해소하기 위해서는 정보 융합 능력이 관건이다. 사이버와 우주작전이 주종을 이루는 사이 우리의 역량이 뒤떨어지지 않아야 한다. '파이브 아이즈'에 대한 참여도 바로 이러한 점에서 필요하다. 능동적이고 포괄적인 정보융합 역량을 보유하지 못한 상황에서 단순히 인공위성의 확보가 큰 도움을 줄 수 없기 때문이다. 둘째, 회색지대 위협과 하이브리드 전쟁의 가시화이다. 이미 우크라이나 사태에서 볼 수 있듯이, 러시아의 영향력은 우크라이나 지휘부는 물론 국민의 저항 의지를 송두리째 무너뜨리는 심리적 지배를 기본 목표로 하고 있다. 소위 "거짓 깃발" 전략은 매우 세밀한 정치적 수단을 포함한다. 미디어를 통한 가짜뉴스의 확산은 분쟁 상태와 내전을 촉발하는 결과를 만든다는 것이 유엔 전문가들의 공통된 우려이다. 트위터 계정에서 유통되는 가짜뉴스가 10분 이내 50%가 확대될 정도로 속도가 빠르며, 진실보다 가짜뉴스가 6배 정도 전파속도가 빠르다는 게 유엔의 공식 연구 결과이다. 안타깝게도 가짜뉴스를 구분한다는 것이 거의 불가능에 가깝다. 북한은 물론 중국

또한 한국에 대한 지속적 압력을 통해 다양한 분야에서 이러한 공세를 강화하고 있다. 한국인들의 저항 심리를 무력화하기 위해 군사뿐 아니라, 역사, 문화 등 거의 모든 측면에서 자신들의 주장을 강요하며 '기정사실화'하고 있다. 군사위성 포함 자체 위성의 보유 대수만 봐도 러시아와 중국은 이미 도합 70여 개 이상을 운영하고 있다. 신기술 분야에 대한 사이버 침해는 더욱 심각하다. 호주의 클라이브 해밀턴 교수의 "보이지 않는 붉은 손"과 같은 저서가 잘 보여주고 있듯이, 이미 중국은 정치권 및 학계에까지 영향력을 행사하고 있다. 남중국해, 대만 위기는 더 이상 '강 건너 불구경'이 아니며, 해상 일대일로의 반대편 출발점은 바로 황해이자, 서해이다. 그들의 새로운 진출 방향은 남해와 동해를 거쳐 알류산 열도와 북극해를 향하고 있다. 미 알래스카 소재의 아일슨 공군기지가 중국과 러시아의 전폭기들의 영향력 하에 노출이 되면 레드 플랙 훈련 당사자인 한국과 일본 및 기타 동맹국들은 전략적으로 고립되게 된다. 특히 서부의 반덴버그 기지와 더불어 알래스카에 위치한 포트 그릴리 기지는 중국과 러시아에 인접한 대륙간탄도탄 방어의 최전초 기지이다. 북극해가 중국 원자력 추진 잠수함의 작전권 안에 노출이 되면 이들 주요 기지들은 매우 큰 위험에 빠지게 된다. 따라서 한미일 연합 정보협력이 그 어느 때보다 중요하다.

북한의 중장거리 탄도미사일은 물론 각종 단거리 미사일 발사를 예방하기 위해서는 위성 정보에만 의존할 수 없다. 한국의 인간정보(HUMINT) 역량과 신호정보 (SIGINT), 지리공간정보 (GEOINT) 등 다양한 측면에서 정보역량을 확대하고 융합해야 한다. 이러한 역량을 바탕으로 동맹국들의 정보역량을 실시간 통합할 수 있어야 비로소 위기 대응이 가능하기 때문이다. 이를 위해 전문화된 정보 분석관들의 확충이 필요하다. 정보분석 인력의 양성과 위성판독의 전문화, 각종 신기술과 사이버 방호를 위한 정보인력의 전문화는 미래전의 성패를 좌우한다. 따라서 상쇄전략의 가장 중요한 밑거름은 정보인력의 양성과 교육이라는 판단 하에 미래를 설계해야 한다. 또한 미국, 일본, EU 등 전략동맹국 간의 정보교류도 더욱 활성화 해야 한다.

이러한 관점에서 최근 우크라이나 사태 추이를 예의 주시할 필요가 있다. 우크라이나 사태는 위성사업의 다양성이 중요함을 보여주는 대표적 사례이기 때문이다. 우크라이나가 메타 테크놀로지사의 민간위성을 활용해 전 세계에 러시아의 실패 사례와 만행을 시시각각으로 전달하고 있는 점을 타산지석으로 삼아야 하지만, 초소형 위성의 정밀도 등 한반도 적용에 대한 한계도 배제해서는 안될 것이다. 고해상도가 만능이란 생각에 빠져서도 안 되지만 적 의도에 대한 정확한 분석이 가능해야 하기 때문이다. 결론적으로 향후 국방혁신 추진에 있어 민간 첨단 우주과학기술 등 총체적 역량을 결집하기 위한 민·관·군 협력이 국가적 차원으로 확대되어 나가야 한다.

2강
북한의 핵·미사일 위기와 정보역량 강화

북한의 핵미사일 위기와 정보역량 강화

Ⅰ. 김정은 시대 북한 핵·미사일 위협의 실체는?

1. 핵 위협

가. 핵실험 : 6차에 걸친 핵실험, 김정은 시대 핵무기 소형화 달성

핵실험은 핵을 개발하는 국가에서 반드시 거쳐야 하는 필수적 과정이다. 핵실험은 기본적으로 기폭장치를 결합한 용기 내에서 적정량의 핵물질을 폭발시켜 핵분열 또는 핵융합 작동 여부를 기술적으로 테스트하는 실험이다. 북한은 미국이나 소련, 중국 등과 같이 땅덩어리가 광활하게 넓지 못하기 때문에 산악지역의 지하 갱도에서 핵실험을 할 수밖에 없다. 핵실험은 통상 핵탄두를 개발하기 위해 실시한다. 핵탄두는 핵투발 수단인 미사일에 장착이 가능할 정도로 탄두 직경이 작아야 하고, 핵폭탄을 실어서 원하는 목표지역까지 날아갈 수 있도록 중량도 가벼워야 한다. 일반적으로 핵탄두가 소형화되어야 하는 기준으로 크기는 직경 약

1m 이내, 중량은 약 500kg 이하 정도가 적정 제원으로 알려져 있다.

〈표 1〉 북한 핵실험 현황과 핵위협 평가

구 분	1차	2차	3차	4차	5차	6차
일자	'06.10.9	'09.5.25	'13.2.12	'16.1.6	'16.9.9	'17.9.3
시기	김정일 시대		김정은 시대			
진도	3.9	4.5	4.9	4.8	5.0	5.7
위력(kt)	0.8	3 - 4	6 - 7	6	10	50
평가	실패/조잡한 핵무기 수준(미사일 탑재 불가/**소형화 미달성**)		**소형화 다종화 성공** (Pu/ HEU탄)	첫 시험용 수소탄	핵탄두 위력	ICBM용 핵탄두 ***증폭핵 분열탄**1)

    북한은 김정일 시대인 2006년 첫 핵실험을 시작으로 2009년 2차 핵실험을 3년 만에 실시했다. 2011년 김정일이 사망하고 김정은 시대 들어와 2013년 2월에 3차, 2016년 1월에 4차, 같은 해 9월에 5차, 2017년 9월에 6차 핵실험으로 이어진다. 4차 핵실험까지는 3년 주기였지만 4~5차와 5~6차 핵실험 주기는 8개월과 1년 주기로 단축됐다. 김정은 시대 4, 5, 6차 핵실험은 진도·위력면이나 단축된 주기를 고려 시 소형화한 핵무기를 생산하기 위해 다종의 위력 실험도 병행했다.2)

---

1) 플루토늄이나 우라늄으로 둘러싸인 핵폭탄의 중심부에 삼중(三重)수소와 중(重)수소를 넣어 폭발력을 크게 높인 핵무기를 '증폭핵분열탄'이라고 말한다. 일반적인 핵분열 폭탄과 수소폭탄의 중간 단계 위력(약 50kt 내외)이며 소형화가 용이한 것으로 알려져 있다.
2) 핵보유국(미·소·영·프·중)들이 핵무기를 개발하는 과정에서 미사일에 장착이 가능하도록 소형화를 달성한 기간은 최소 2년에서 최대 7년이 소요됐다.

김정일 시대는 1, 2차 핵실험에 성공하지 못했지만 김정은 시대는 3차 핵실험부터 핵무기 소형화 실험에 성공했고 이후부터는 핵무기를 다종화하여 규격화할 수 있는 핵실험에도 성공했다. 북한의 핵무기 종류는 핵물질에 따라 플루토늄탄, 우라늄탄 또는 위력에 따라 핵분열탄, 증폭핵분열탄, 수소폭탄 등으로 구분할 수 있으며 다양한 핵투발 수단인 미사일에 장착하여 사용이 가능 가능한 수준으로 평가된다.

나. 핵물질 생산시설 및 핵무기 보유 능력 : 핵무기 60~100개 제조 능력

북한지역에 산재된 핵물질 생산시설은 공개 및 은폐지역에 다수가 존재한다. 잘 알려진 공개된 핵시설은 영변의 핵단지로 유명하다. 영변에 위치한 5MWe 원자로는 플루토늄(Pu) 생산시설이고, 고농축우라늄(HEU)을 생산하는 시설도 공개된 바 있다. 평양 이남에 위치한 강선에 대규모 고농축우라늄 생산시설이 위치한 것으로 언론에 보도된 바 있다.

핵무기 제조 물질인 플루토늄(Pu)은 약 50kg 이상, 고농축우라늄(HEU)은 상당량을 보유하고 있는 것으로 국방백서(2020)에 기술하고 있다. 우리 국방부 주장 내용과 국제사회의 핵관련 전문기관·전문가들의 주장을 종합해 볼 때 북한은 약 60 - 100핵무기를 제조할 수 있는 핵물질을 보유하고 있는 것으로 보이며 실제 보유 핵무기 숫자는 공개하지 않는 한 확인할 수 없다.[3]

---

3) 2040년경 예상되는 북한의 핵무기 보유능력은, 2020년도 60-100발 보유 기준으로 추산 시 약 260-300여 발로 판단할 수 있다.

2. 미사일(=핵투발 수단) 위협

가. 김정일 시대와 김정은 시대 미사일 위협의 차이점

북한은 1976년 소련제 스커드-B 미사일을 이집트를 통해 수입한 이후 이를 개량하여 미사일을 개발하기 시작했다. 다음 표에서 처럼 김정일 시대 보유 미사일은 스커드-B/C(300/500km)와 스커드-ER(1,000km), 노동미사일(1,300km) 정도였다. 당시 무수단과 KN-08은 시험발사도 하지 않은 대미 기만용 장비에 불과했다.

〈표 2〉 김정일-김정은 시대 북한 미사일 위협의 차이점

구 분		김 정 일	김 정 은	차 이 점
		핵무기 소형화 미달성	**핵무기 소형화** + 미사일 장착	**핵무기 병기화**
전술	SR BM	스커드-B/C 노동 스커드-ER	스커드-B/C, 노동, 스커드-ER ① **이스칸데르형(KN-23)** ② **에이태킴스형(KN-24)** ③ **초대형방사포(KN-25)** ④ **KN-23개량형(철도기동식)**	기보유 3종+신형 4종 추가 완성. 플랫폼 확장 TEL, 정확도, 저고도, 회피 기동, 사거리 확대 * **전술핵무기**
전략	MR IR ICBM	무수단 (시험발사 미실시) KN-08 (시험발사 미실시) *기만용	무수단 ① **고체추진 북극성-2형(MRBM)** ② **화성-12형(IRBM)** ③ **화성-14형(ICBM)** ④ **화성-15형(ICBM)** ⑤ **화성-17형(ICBM-MIRV)** ⑥ **장거리순항미사일** ⑦ **극초음속미사일(화성-8형)** * 최종시험 성공	시험발사 : 성공 1/실패 8 고체, TEL, 기습타격력 백두산엔진(액체), TEL, 미 본토 타격력 * **전략핵무기** * **고체추진제는 개발 중** * **방어/요격 제한**
	SLBM		⑧ **북극성-미니SLBM/3형/4형/5형** * 잠수함(3천/5천톤급/핵잠함) 건조 중으로 SLBM은 아직 전력화가 진행 중임.	수중 은밀성, 고체, 발사관 3-5개형 잠수함 ***세컨스크라이크/ 게임체인저**

※ 미사일 총 19종(旣 4종+新 15종)=전술 7종(旣 3종, 新 4종)+전략 12종(旣 1종, 新 11종)
  ☞ 기보유 4종(스커드·스커드-ER·노동·무수단)과 신형 전술미사일, 신형 화성·북극성 계열 미사일, 장거리순항·극초음속 미사일은 핵탄두 장착 능력 보유 추정

나. 신형 전술미사일 위협 : 한국군, 주한/주일 미군, 미 증원전력 위협

〈표 3〉 김정은 시대 개발한 신형 전술탄도미사일 #1('19~'20년)

구분	이스칸데르형(KN-23)	에이태킴스형(KN-24)	초대형방사포(KN-25)
북한 공개사진			
시험발사	'19.5-8	'19.8-'20.3	'19.11-'20.3
비행거리	240-600km	230-430km	200-380km
고도	30-50km	30-50km	30-50km
위협	Pull-Up, TEL, CEP : 수m	Pull-Up, TEL, CEP : 수m	6련장/20초 간격, TEL, CEP : 수m
	정확도 향상과 저고도/활강상승(Pull-Up) 기술로 한미 요격시스템 무력화 및 한국군·주한미군 정밀타격능력 고도화		

* 하노이 노딜('19.2) 이후 1년 이내 신형 전술미사일 시험발사에 모두 성공/실전배치 돌입

신형 전술미사일 #1은 표에서 보는 바와 같이 2019년 2월 하노이 미북 정상회담에서 협상이 결렬된 이후 5월부터 북한이 이듬해인 2020년 3월까지 시험발사하여 완성하고 김정은이 직접 현장에서 실전배치하라고 지시한 미사일이다.

주요 특징으로 먼저 이스칸데르형 미사일은 구소련의 이스칸데르 미사일과 유사하다. 북한은 소련제 이스칸데르 미사일을 모방하여 개발했을 것으로 추정된다. 소련제 이스칸데르 미사일은 사거리가 500km에 조금 못 미치는 것으로 알려졌으며, 전술핵을 탑재할 수 있는 미사일이다. 최대 사거리 600km이며 한미 분류기호로 KN-23으로 명명됐다. 북한의 에이태킴스형 미사일은 최대 사거리 약 430km이며 KN-24로 명명됐

다. 초대형방사포는 600미리 대구경포이며, 4·5·6련장 3가지 종류로 발당 20초 간격으로 연발사격이 가능하다. KN-23/24/25 전술미사일들은 모두 저고도(30-50km) 비행 능력이 확인됐으며, 특히 KN-23/24는 요격 회피기동(Pull-Up) 능력을 갖춰 한미연합군의 요격을 무력화시킬 목적으로 개발한 것으로 평가된다.

신형 전술미사일 #2는 위의 표에서 보는 바와 같이 북한이 2020년 3월까지 신형 전술미사일 #1을 완성한 이후 곧이어 KN-23 개량형 시험발사에 다시 성공한다. 9월에는 장거리 순항미사일 시험발사에도 성공한데 이어 KN-23 개량형의 발사플랫폼도 철도로 추가 확장하여 이른바

〈표 4〉 김정은 시대 개발 신형 탄도미사일 #2('21년 3월, 9~10월)

구분	개량형 KN-23	장거리 순항미사일	철도기동 미사일	극초음속 미사일	신형반항공 미사일	신형 SLBM
공개 사진						
시험 발사	'21.3.25 (2발) *탄두 2.5t	'21.1.22, 321, 9.11-12 (각 2발) *전략무기	9.15 (2발) *철도기동연대	9.28 (1발) *화성-8형 *전략무기	9.30 (1발) *대공방어	10.19 (1발) *고래급 *전략무기
비행	600km	1,500km	800km	200-450km	수백km	590km
고도		미탐지	60km	30km/마하3	.	60km
위협	회피기동	저고도	회피기동	회피기동	사거리 연장	회피기동

* 8차 당대회('21.1)에서 김정은 제시 첨단무기 시험발사('21년 8차례/6종)
* 개량형 KN-23을 철도기동식/극초음속/SLBM에 접목 활강식 회피기동술 적용
* 극초음속 1단체는 화성-12형 엔진(액체연료 앰플화 주장), '22.1.11 최종시험 성공

철도기동 미사일 시험발사에 성공한다. 철도기동 발사플랫폼 추가 개발은 개량형 KN-23의 기습발사 능력과 생존성을 향상시키면서 한미 감시정찰을 방해할 목적으로 보인다. 이러한 KN-23 개량형은 전술핵 탑재가 가장 용이한 신형 전술미사일로 평가되고 있어 매우 심각한 대남 전술핵 탑재 미사일로 부상했다.

또한 북한은 2020년 10월 국방발전 전람회에 전시했던 미니 SLBM을 고래급 잠수함에서 시험발사에 성공했는데 공개한 영상의 형태가 KN-23 동체와 유사하여 SLBM으로도 단거리 전술핵 미사일을 발사할 수 있는 능력을 과시했다. 하지만 고래급 잠수함은 발사관이 1개인 시험용 잠수함으로 신형 잠수함에서의 발사 이전까지는 실전에 운용하는 것이 다소 제한될 것으로 평가된다.

〈표 5〉 김정은 시대 개발 신형 탄도미사일 #3('22년 1.5~30/7회)

구분	극초음속	극초음속	KN-23	KN-24	순항	KN-23	화성12
공개 사진							
시험 발사	'22.1.5 1발 원뿔형	1.11 1발 최종시험	1.14 2발 철도	1.17 2발 Pull-Up	1.25 2발 실전사격	1.27 2발 탄두위력	1.30 1발 검수사격
비행	700km	1,000km	430km	380km	1,800km 2h35'17"	190km	800
고도	마하6	60/마하10	36km	42/마하5	수백미터	20km	2,000
위협	Pull-Up/저고도		pull-up	pull-up	사거리 연장	pull-up	하강16

* 8차 당대회('21.1)에서 김정은 제시 첨단무기 시험발사('22년 7차례/5종)
* 개량형 KN-23을 철도기동식/명중성/탄두폭발위력 과시
* 극초음속('22.1.11) 최종시험 대성공 주장(김정은 참관)/4년 만에 IRBM발사 재개

2022년 새해 들어 북한은 김정은 시대 최단 기간(25일) 내 최다 발사 횟수(7회 11발)로 극초음속 미사일, 신형 전술미사일, 장거리 순항미사일을 연속해서 발사했다. 사흘에 한번 꼴이다. 특히 이 미사일들은 저고도, 극초음속, 요격회피 기동 기술, 정확도, 실전배치 측면에서 매우 위협적인 전략·전술 미사일들이다.

첫째로 이번에는 2021년도 북한이 시험발사한 이스칸데르형인 KN-23 과 에이태킴스형인 KN-24 전술미사일의 실전 사격능력과 정확도를 과시했다. 우리와 주한미군을 직접 위협하는 전술핵탄두 탑재가 가능한 미사일이다. 실전배치한 탄두의 폭발력과 정확도 그리고 회피기동 기술의 완성도를 이번에 보여준 것이다. KN-23의 철도 발사는 작년 9월 첫 발사 이후 두 번째 발사로 철도에서의 실전운용 능력을 과시한 것이다. 2019년과 2020년에 이미 시험발사에 성공한 이후 실전배치 중인 미사일들로 대남 기습타격 능력을 과시한 것이다.

둘째, 북한은 극초음속 미사일 시험발사를 2021년에 처음 실시한 이후 약 3개월 만인 올해 초 2차례 연속발사로 최종 시험발사에 성공했다고 공개했다. 다음 도표처럼 마지막 발사일인 1월 11일에는 김정은이 지난 2019년 3월 미사일 시험발사 참관 이후 처음 현장에 나타나 대성공이라며 전략무기임을 선언했다. 2021년 9월 28일 첫 시험발사에 이어 2022년 1월 5일 약 100여 일 만에 2차 시험발사를 한 이후 다시 6일 만에 3차 최종 시험발사가 이루어져 상당히 빠른 속도로 진행됐음을 알 수 있다.

첫 시험발사는 엔진과 연료계통, 탄두의 초기 비행능력을 테스트한 것으로 보이며, 2차 시험발사는 목표까지 비행 능력의 안정성과 명중성에 중점을 둔 것으로 보인다. 2차 시험발사는 북한이 발표한 대로 120km로 측면기동을 하여 700km에 위치한 표적에 명중했다는 주장을 믿어줄 경우 3개월 만에 다소 진전이 있었다고 볼 수 있어 일정 기간 동안 몇 차례 더 기술적인 미비점을 보완하기 위한 추가적인 발사가 예상됐었다.

그런데 북한은 2차 시험발사 6일 만인 1월 11일 3차 시험발사를 감행했다. 합참은 당일 발표를 통해 5일 시험발사와 유사한 자강도에서 동해로 1발을 발사했으며 비행거리는 약 700km, 고도는 최대 60km, 속도는 최대 마하 10정도라고 밝히면서도 극초음속 미사일이 아니라고 위협을 낮게 평가했다. 그러나 북한은 다음날 최대 1,000km 비행과 목표(알섬)를 정확하게 명중시키는데 성공했다면서 '김정은이 참관하여 최종 시험발사에 대성공했다'고 보도했다. 향후 실전배치까지를 암시한 것이다.

〈표 6〉 북한 극초음속 미사일(화성-8형) 발사제원 비교

구 분	공개 사진	엔진/추진제	고도	속도	비행거리
1차('21.9.28) 06:40 1발/자강도 화성-8형	삼각뿔 형태	화성-12형 엔진(앰플화)	30km	마하 3	200, 450km
2차('22.1.5) 08:10 1발/자강도	글라이더 형태	동계 연료앰플화 검증	20-50 km	마하 6	120측면, 700km 목표 명중
3차('22.1.11) 07:27 1발/자강도	`22.1.5` `1.11` `21.9.28`	김정은 참관 "최종시험 대성공"	60km	마하 10	1,000km 목표 명중

중국이 둥펑 - 17 극초음속 미사일을 약 9회 정도 시험발사(2014 - 2017년)한 이후 전력화를 추진한 점을 고려시 북한의 극초음속미사일 개발 속도는 매우 빠르게 진행된 것으로 보인다. 최근 수년 동안 중국, 러시아, 미국 등이 개발했거나 개발 중인 게임체인저로 불리는 극초음속 미사일은 음속의 5배 이상 비행속도로 지구상 어느곳의 목표라도 빠른 속도로 타격할 수 있기 때문에 요격이 불가한 것으로 알려져 북한이 향후 실전에 배치하게 될 경우 또 하나의 심각한 위협수단이 된다는 점에서 대비가 요구된다.

셋째, 장거리 순항미사일도 사거리가 2021년 9월 1,500km에서 이번에는 1,800km로 위협거리를 확장시켰고 실전운용 능력이 검증됐음을 과시했다. 고도가 수백m 정도(추정)로 매우 낮아 한미동맹의 레이더망을 피해 미 항공모함이나 증원전력 타격이 가능한 순항미사일을 완성했다는 것은 또 하나의 심각한 위협수단으로 등장했음을 의미한다.

넷째, 화성 - 12형 중거리탄도미사일은 2017년 발사 이후 4년 만에 처음이다. 북한은 화성 - 12형 발사가 검수사격임을 밝혔는데, 실전에 배치 중인 탄을 무작위로 선정하여 미국의 괌을 공격할 수 있는 능력을 과시하고 다음 단계에서는 ICBM을 발사할 수 있다는 전략적 도발을 암시한 것으로 보인다.

다. 화성 계열 전략미사일 위협(2017년 완성) : 괌/하와이, 미 본토

⟨표 7⟩

구 분	화성-12형	화성-14형	화성-15형
엔진/ 추진제	백두산엔진 1개 (보조엔진 4개)	백두산엔진 1개 (보조엔진 4개)	백두산엔진 2개 (노즐 2개, 짐벌엔진)
	액체	액체	액체
추진체(동체)	1단형	2단형	2단형
이동식발사대 (TEL)	8축	8축	9축
사거리 (해당지역)	약 5,000km	약 10,000km	약 13,000km
	괌, 알래스카	하와이, 미 서부	미 동부 등 전지역
주요 특징	새로 개발한 백두산 엔진을 사용 IRBM	화성-12형 엔진에 1단체 확대 및 2단체를 추가한 ICBM	백두산엔진 2개를 클러스트링한 완전히 새로운 엔진을 장착한 ICBM

* 출처 : 대한민국 국방부. 『2018 국방백서』(서울 : 국방부, 2018), 북한 공개정보, 국내언론 보도내용 등을 참고하여 저자가 작성

북한의 화성계열 전략미사일은 위의 표에서 보는 바와 같이 2017년에 이미 시험발사에 성공하였다. 북한은 '백두산엔진'[4]을 새롭게 개발하여 기본형을 1단체로 중거리미사일(IRBM)인 화성-12형 시험발사에 먼저 성공한다. 이후 수개월 만에 1단체 상부에 2단체를 추가로 결합한 화성-14형 ICBM 시험발사에 성공한다. 그리고 화성-12형을 괌 위협사거리로 실제 북태평양상에 2발을 발사하여 성공시킴으로써 실전사격 능력

---

4) 백두산엔진은 북한이 우크라이나에서 설계도나 기술자료 등을 입수하여 개발했을 것이라 전해지는 설도 있지만 실제 여부 확인은 제한된다. 하지만 북한은 구소련, 중국 등 공산권 국가들과 기술적·인적교류를 통해 미사일을 개발하고 발전시킨 것은 분명하다. 북한이 유엔결의와 국제사회의 제재를 준수하지 않고 있기 때문에 북한 내외로 WMD와 관련기술이 불법거래되지 않도록 국제사회의 확산방지 노력과 협력은 지속 필요하다.

을 과시했다. 또한 그 사이 백두산엔진 2개를 클러스터링하여 1단체로, 2단체는 백두산엔진 1개로 제작한 새로운 초대형 ICBM(화성-15형) 시험발사에도 성공하는 놀라운 기술적 진전을 보여주기도 했다.

결국 김정일 시대 시험발사 없이 가지고 있던 중·장거리 전략미사일(무수단/KN - 08)을 김정은은 새로운 엔진으로 대체 개발하여 이른바 백두산엔진을 완성하고 시험발사에도 성공함으로써 미국 영토를 직접 위협할 수 있는 새로운 중(IRBM)·장거리미사일(ICBM)을 동시에 보유하게 됐다.

한편, 북한은 2018년부터 남북, 미북 정상회담을 거치면서도 ICBM을 다탄두화하고 고체연료로 대체하는 노력을 지속해 온 결과, 2022년 2월 27일과 3월 5일에는 평양 순안 일대에서 '신형 ICBM'을 시험발사했다. 신형 ICBM은 '화성-17형'으로 2020년 10월 10일 당창건 기념일 열병식에서 처음 식별됐었다. 당시 신형 '화성-17형'은 '화성-15형' 대비 두께와 길이가 커져 '괴물형 ICBM'으로 불리웠으며, 다탄두 탄도미사일(MIRV: Multiple Independently Targetable Reentry Vehicle) 용으로 평가되기도 했다. 금번 2월과 3월 발사한 탄도미사일을 북한 매체들은 '정찰위성 개발시험'이라고 주장했지만, 한미 정보당국은 2022년 3월 11일 '정찰위성을 가장한 신형 ICBM 시험발사로 평가한다'고 발표함으로써 북한의 거짓주장이 드러나기도 했다.

향후 북한은 신형 다탄두 ICBM의 추가 시험발사를 통해 이를 완성하고, 고체추진제 ICBM 개발도 지속 진전시켜 나갈 것으로 예상된다.

라. 북극성 계열 전략미사일 위협(2013년~개발 중) : 대남, 대미

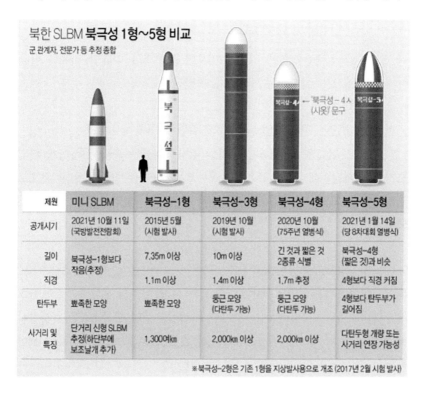

북한 SLBM **북극성 1형~5형 비교**
군 관계자, 전문가 등 추정종합

제원	미니 SLBM	북극성-1형	북극성-3형	북극성-4형	북극성-5형
공개시기	2021년 10월 11일 (국방발전전람회)	2015년 5월 (시험 발사)	2019년 10월 (시험 발사)	2020년 10월 (75주년 열병식)	2021년 1월 14일 (당 8차대회 열병식)
길이	북극성-1형보다 작음(추정)	7.35m 이상	10m 이상	긴 것과 짧은 것 2종류 식별	북극성-4형 (짧은 것)과 비슷
직경		1.1m 이상	1.4m 이상	1.7m 추정	4형보다 직경 커짐
탄두부	뾰족한 모양	뾰족한 모양	둥근 모양 (다탄두 가능)	둥근 모양 (다탄두 가능)	4형보다 탄두부가 길어짐
사거리 및 특징	단거리 신형 SLBM 추정(하단부에 보조날개 추가)	1,300여km	2,000km 이상	2,000km 이상	다탄두형 개량 또는 사거리 연장 가능성

※북극성-2형은 기존 1형을 지상발사용으로 개조 (2017년 2월 시험 발사)

북한의 북극성 계열 전략미사일은 위의 표에서 보는 바와 같이 2015년에 고래급(신포급) 잠수함(발사관 1개로 시험용 잠수함)에서 최초 시험 발사 이후 2016년에 북극성-1형을 수중에서 발사하여 비행시험에도 성공했다. 그리고 북극성-1형을 개발하는 과정에서 북극성-2형을 고체 추진제 지대지 미사일로 추가 개발하여 김정은이 실전 배치를 지시하기도 했다. 이후 신포조선소에서 다수의 발사관을 탑재하는 3천톤급과 5천

톤급의 대형 잠수함을 건조하기 시작했으며 2019년 10월에는 북극성 -
3형을 수중바지선에서 시험발사5)에 성공했다. 이에 앞서 7월에는 김정
은이 3천톤급 잠수함 건조 현장을 방문한 사진과 함께 잠수함도 공개했
다. 3천톤급 신형잠수함은 기존 로미오급 잠수함을 해체한 재료를 활용
하여 건조했으며 발사관은 3개로 알려졌다.

한편 2020년 10월 10일 당창건 75주년 열병식에서 북한은 북극성 -
4형을, 2021년 1월 14일 8차 당대회 열병식에서는 북극성 - 5형을 위의
표처럼 공개했는데 길이와 직경이 커져 5천톤급 잠수함에 운용할 것으로
추정되며 북극성 - 5형은 다탄두형 개량 또는 사거리 연장 목적으로 평가
되고 있다.

이른바 북극성 계열의 SLBM은 세컨 스트라이크(제2격) 능력을 가진,
게임체인저가 될 수 있는 전략무기이다. 신형 잠수함 건조 속도에 맞추
어 시험발사가 예상되며 이르면 올해 시험발사 가능성이 있다. 시험발사
에 성공하면 북한은 명실 공히 대미 제2격 핵능력을 보유함에 따라 핵억
제력과 협상력은 크게 증대될 것으로 보인다.

---

5) 『조선중앙통신』, "2019.10.2. 오전 동해 원산만 수역에서 새형의 잠수함탄도탄 '북극성 - 3형'
　 시험발사를 성공적으로 진행했다"고 밝힘. 최대 고도 910km, 비행거리는 약 450km로
　 실제 위협사거리는 2,000km를 훨씬 초과할 것으로 평가된다.

II. 북한의 핵·미사일 위협은 왜 심각한가?

가. 핵무기 위력 : 절대무기, 공포의 균형, 핵억제 전략으로 발전

핵무기란 핵분열 또는 핵융합으로부터 발생하는 엄청난 에너지를 이용하여 광범위한 지역에서 대량 살상 및 파괴력을 낼 수 있는 무기를 말한다. 핵무기는 대규모 폭발을 일으킬 데 나오는 핵폭풍과 열, 방사선과 낙진 피해로 큰 도시 하나를 완전히 파괴할 정도로 그 위력이 역사상 가장 강력해서 이른바 절대무기라고도 부른다.

핵무기가 실제로 전쟁에 사용된 것은 단 두 번이었다. 2차 세계대전 말기인 1945년 8월 6일과 9일 일본의 히로시마와 나가사키 상공에 사상 최초의 핵무기인 리틀보이(약 15kt)와 팻맨(약 20kt)이 투하되자 일본은 무조건 항복했다. 히로시마는 전체 인구의 절반이 넘는 약 13만 5천여 명(최대 20만 명)의 사망자가 단기간에 발생했고 수만 채의 가옥들이 파괴되는 등 두 도시는 한순간에 폐허가 되고 말았다.

〈그림 1〉 폐허가 된 핵무기 피해 현장(나가사키)

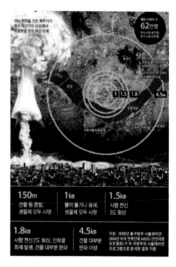

히로시마에 투하된 위력 15kt급 핵무기가 서울 용산 500m 상공에서 폭발할 경우 최대 62만 명이 사망하며, 반경 4.5km 내 모든 건물과 생명체는 사라지고 완전 잿더미로 변한다고 한다. 서울 시내로 보면 북쪽으로는 경복궁, 청와대에 이르기까지 서울역, 시청, 남대문 일대의 건물은 대부분 파괴되고, 서쪽으로는 마포, 여의도 일부지역이 포함되며 63빌딩도 무너져내린다. 남쪽으로는 한강을 건너 상도동, 동작동 일대, 동쪽으로는 반포와 압구정, 청담동 일대가 피해지역이 된다. 직간접 피해로 그 자리에서 사망하는 시민이 40만 명, 이후 낙진 등으로 추가 사망하는 시민이 22만 명이 넘으리라는 시뮬레이션 결과이다(1998년 미 국방부 시뮬레이션 결과).

히로시마나 나가사키에 실제로 투하된 핵무기는 핵분열탄인 원자폭탄으로 TNT 수천톤(수kt)에서 수만톤(수십kt/1kt = TNT 1000t)의 폭발력을 보여주는 킬로톤(kt) 단위로 표시하지만, 핵융합폭탄인 수소폭탄은 원자폭탄보다 수백~수천배 이상의 위력이기 때문에 메가톤(Mt)〈1메가톤 = TNT 100만톤의 폭발력, 구소련이 첫 수소탄을 실험했던 차르붐바는 58M(TNT 5,800만톤 = 히로시마의 3,800배 위력)〉 단위로 표시할 정도로 어마어마한 폭발력을 자랑한다. 만약 1메가톤급 핵폭탄이 서울 상공에 떨어지면 반경 7km 내의 모든 사람들은 사망하고 업무시간대 반경

3km 이내에 있을 것으로 예상되는 약 300만 명의 서울 시민이 전원 사망할 것으로 예상된다.

원자폭탄 1발로 수십만 명이 사망하고, 수소폭탄 1발로 수백만 명이 사망할 수 있는 핵무기의 대량살상 및 파괴력은 무시무시한 위력임을 상상해 볼 수 있다. 그래서 핵무기는 이 지구상에서 재앙적 수준의 강력한 무기인 것이 분명하다.

나. 재래식 무기와 비교할 수 없는 북한의 핵무기 위협

일반적으로 핵무기가 폭발시 분출하는 에너지는 동급 중량의 일반 화약(TNT)보다 약 4만 배 정도 크다. 우리의 현무-2/3은 탄두중량이 2t(사거리 축소 시 현무-4는 4t까지 탑재 가능)으로 알려져 있다. 우리 현무의 최소 중량 2t의 탄두를 모두 고폭탄으로 채운다고 해도 파괴력은 핵물질 50g 정도를 폭발시키는 수준에 불과하다. 핵물질 수kg에서 수십kg 폭발로 나오는 수천톤급의 폭발력과 파괴력을 재래식 무기와 비교하는 것은 불가능하다. 쉽게 말해 핵폭탄 한방이면 웬만한 재래식 무기의 고폭탄을 전부 합친 것보다도 더 크다고 표현할 수 있다.

그래서 2차 세계대전 직후부터 핵무기의 엄청난 파괴력 때문에 핵무기는 국제관계에서 강대국들의 강압과 억제의 군사적·정치적·전략적·외교적 수단이 되어 왔고, 핵을 보유하려는 국가 간의 군비경쟁과 핵확산방지 노력의 현상들이 국제질서의 균형을 이루려는 실제 정책과 학문적 연구의 틀로 자리잡게 됐다.

북한도 이러한 핵무기를 외부 위협 명분은 물론 내부 체제유지와 결속을 도모하고, 나아가 대남적화전략 목표 달성을 위한 수단으로 활용하기 위해 수십년 이상 포기하지 않고 지속적으로 개발해 왔으며, 마침내 김정은 시대에 들어와 핵무기를 소형화하고 투발할 수 있는 다양한 미사일을 개발함으로써 오늘날 북핵·미사일 위협은 우리 국민 모두의 머리 위에 현실로 다가오고 말았다.

Ⅲ. 북한의 핵·미사일 도발 시나리오와 평시 가장 위험한 시나리오

구 분	핵무기 사용 시나리오	가능성 평가
방안 1	수사적 위협으로 사용(강압 목적)	평시 높음
방안 2	핵탄두 장착 TEL 사격 위협(능력 현시/기만)	평시 높음
방안 3	사실상 핵보유국 행세 하 책임전가식 **군사적·비군사적 통합 도발**	**평시 가장 위험** *확전 전략
방안 4	전시 선제적 또는 보복적 사용	전시 높음

핵무기를 거머쥔 김정은은 자신의 요구조건을 얻어내기 위해 이미 보유하고 있는 핵무기를 사용할 것이라고 위협하면서 시기별 상황에 맞게 다양한 시나리오로 도발할 가능성이 높다. 여기서는 4가지로 북한의 도발 가능한 시나리오를 함축적으로 제시해보면서 가장 위험한 방안에 대한 우선적 대비태세가 필요하다는 사실을 강조하고자 한다.

평시 북한이 선택할 수 있는 가능성이 높은 방안들은 위의 표에서 처럼 세 가지 정도로 상정해 볼 수 있으며, 이중 가장 위험한 방안은 "방안 3"이다.

북한은 미국을 포함한 국제사회가 자신들을 핵보유국으로 인정해주지 않고 요구조건(이중기준/적대시 정책 철회)도 들어주지 않는다고 판단할 경우에는 언제라도 한반도에서 긴장을 조성하여 한반도지역을 불안정하게 만듦으로써 자신들이 원하는 보상 및 요구조건 관철을 위해 대남 군사도발을 반드시 감행할 것이다.

☞ **북 주장 이중기준/적대시 정책** : 핵무기/핵보유 인정, 대등한 핵국가로 핵군축, 대북제재 해제, 한미연합훈련·핵전력전개훈련(확장억제) 중단, 유엔사 해체, 주한미군 철수, 선 평화협정 후 비핵화, 위장평화/통전책동 지속 등을 복합적으로 의미하고 있다.

이에 따라 대한민국은 사실상의 핵보유국이자 핵포기 의도가 없는 북한이 대북제재가 풀리지 않는 한, 언젠가는 방안3으로 도발할 수 밖에 없다는 북한의 계략과 북한이 현재 불가피한 상황에 직면하고 있음에 유의하여 철저한 감시와 대비태세를 갖추어야 한다.

Ⅳ. 북핵·미사일 찾아 내는 우리군의 독자적 정보감시정찰 능력은?

앞장에서 우리는 핵무기를 보유한 김정은 정권의 북한이 다양한 핵투발 수단인 전술·전략미사일로 한국군과 주한미군 또는 미 본토를 위협하거나 군사적 도발을 할 수 있을 것이라는 몇 가지 시나리오를 살펴보았다.

특히 오늘날 내부적으로 매우 심각한 경제난과 민생 위기에 처한 핵을 가진 북한이 자신들이 원하는대로 제재가 풀리지 않는다면 대남 군사도발로 위기를 타개하려 할 가능성이 가장 높다. 따라서 사실상의 핵보유국인 북한의 대남 군사도발 위협을 사전에 식별하고 철저히 대비하기 위해서는 북한의 산악지역 내에 산재되어 있는 핵무기 저장시설과 미사일 기지, 그리고 미사일을 적재한 이동식발사대(TEL)나 철도기동 발사대 등의 움직임을 적시적으로 감시정찰하는 것이 더욱 중요해졌다.

일반적으로 정보감시정찰(ISR: Intelligence Surveillance Reconnaissance)이란 위협이 예상되는 상대국의 동태를 가용한 정보수집 수단을 총동원하여 살펴보는 정보활동을 말한다. 군사적으로 전장에서 군의 지휘관과 참모활동은 적의 위협수단을 제거(파괴 또는 무력화하거나 방어)하기 위해 위협하는 표적을 적시에 찾아내고(감시) 타격 수단을 선정(결심)하여 목표를 공격(타격)하는 절차('감시 – 결심 – 타격')에 집중하게 된다. 이는 전승을 보장하기 위해 매우 중요한 절차이자 과정이기 때문이다.

이러한 '감시 – 결심 – 타격' 절차 중 심각한 위협표적6)에 대한 정보감시정찰 활동은 '감시 – 결심 – 타격'의 전 과정에서 단절없이 이루어져야만이 위협표적을 놓치지 않고 사전에 제압할 수 있다. 즉 적의 심각한 위협수단을 적시에 식별해내고 이를 추적 감시하지 못하면 아무리 최첨단 공격무기일지라도 사용할 수 없는 고철덩이에 불과하기 때문에 정보감시정찰 능력이 최우선적으로 구비되어야만 전장에서의 제 기능들이 정상적으로 작동할 수 있다.

---

6) 적이 나를 위협하는 무기체계 중 나에게 심각한 영향을 미치는 표적들을 고가치 표적이라 하며, 고가치 표적 중에 우선순위가 높은 표적을 핵심표적이라 말한다.

손자병법 모공편에서도 적을 알고 나를 알면 백번을 싸워도 위태롭지 않으며(知彼知己면 百戰不殆요), 적을 모르고 자기만을 알면 승부는 반반이고(不知彼而知己면 一勝一負하고), 적도 모르고 자기도 모르면 싸울 때마다 반드시 위태롭다(不知彼不知己면 每戰必殆)고 제시하고 있는 것처럼 적과 싸워 승리할 수 있는 필수불가결한 조건은 바로 정보감시정찰 활동이다.

정보감시정찰 활동은 아래 그림과 같이 정보를 수집하는 수단별로 인간정보, 영상정보, 신호정보, 공개정보, 계측기호정보, 지리공간정보 등으로 다양하게 분류할 수 있다. 전 세계 어느 국가든 능력과 수준의 차이는 있을지언정 위협국에 대해 정보수집 수단을 동원하여 정보감시정찰 활동을 하지 않는 나라는 없다.

우리 한국군은 남북 분단 및 창군 이래 지난 70여 년 이상 이러한 정보수집 수단별 정보감시정찰 능력을 나름대로 상당한 수준으로 축적 및

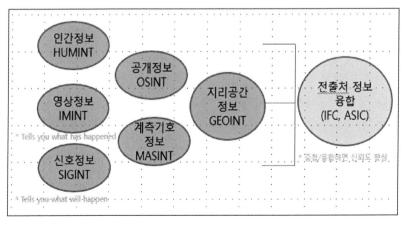

〈그림 2〉 정보수집 수단에 의한 정보감시정찰(ISR) 활동의 분류

발전시켜 왔다. 그러나 영상정보(IMINT) 분야에서 가장 유용한 고해상도의 군사 정찰위성은 안타깝게도 독자 운용을 하지 못하고 있다. 고해상도 군사 정찰위성은 최첨단과학기술 분야이면서도 고비용이기 때문에 그동안 전적으로 미군에만 의존해 왔다.

그러나 이제는 대한민국이 세계 10위의 경제권에 진입했고 첨단과학기술 시대도 도래했기 때문에 지난 박근혜 정부 때부터 한국군은 독자적인 고해상도의 군사 정찰위성 사업을 추진해 왔다. 특히 천안함 피격과 연평도 포격도발 이후 독자적인 고해상도의 군사 정찰위성에 대한 필요성이 증대됐다. 또한 전작권 전환을 조기에 추진하겠다는 주장이 등장하면서 한미동맹이 견고하지 않을 시 미군은 한국군에게 정보공유를 제한할 수도 있다는 우려가 현실로 나타나기도 했다. 그래서 가까운 미래에 미군으로부터 첨단 고해상도 위성영상 공유가 제한되거나 불가할 경우에도 대비해야 하는 상황이 도래했다. 위성영상을 미군에게 전적으로 의존해 온 한국군에게 미군이 첨단 고해상도의 위성영상을 제한하거나 공유하지 않을 경우에는 조기경보가 크게 제한되어 북핵·미사일 위협 앞에 빠른 대처가 불가능하다. 독자적 정보능력이 부족하면 선제 타격에 대한 결정을 이행할 수 없기 때문이다. 설사 미군이 나름대로 정보를 공유해 준다 하더라도 독자적인 정보능력이 미흡하면 결정적 시기에 올바른 대처를 할 수 없으며 독자적인 판단능력도 흐려질 수밖에 없다.7)

7) 필자는 한미연합사에서 근무(1997-1999년 정보분석장교/2009-2010년 정보분석 및 운영 처장)시와 합참 정보본부 근무(2011-2013년 정보분석처장/정보융합실장, 2013-2015년 정보사령관, 2015-2017년 정보본부장)시 실무적으로 직접 체험한 바 있다. 대안은 독자적으로 수집할 수 있는 정보감시정찰(ISR) 자산, 특히 고해상도 정찰위성을 우선적으로 확충하고 스스로 수집한 양질의 정보와 DATA 구축, 그리고 우수한 정보분석관을 더욱 체계적으로 잘 양성할 때 우리의 정보판단능력도 향상될 것이다.

우리 군이 추진 중인 고해상도 정찰위성사업(사업명: 425사업8))은 바로 이러한 취약점을 보완하기 위해 시작됐다. 이는 우리 스스로가 독자적으로 정보역량을 강화하여 북한의 심각한 위협에 대비하면서 전작권도 적기에 환수하고 궁극적으로는 진정한 자주국방의 토대를 구축하기 위한 충정에서 비롯된 것이다.

북한과 같은 폐쇄적인 체제에 대해 다양한 정보감시정찰 수단을 이용하여 정보를 수집하는 활동은 상당한 제약을 받았다. 지구상에서 가장 통제가 심한 북한지역은 지상, 해상, 공중 어느 곳으로도 접근이 어렵기 때문에 북한의 영공을 훨씬 뛰어넘는 우주 상공에서의 합법적인 정보감시정찰활동 능력을 획기적으로 강화해야 한다. 북한이 핵무기와 이를 운반하는 미사일을 다종화했고, 미사일을 발사할 수 있는 이동식 수단(TEL/철도)도 다양화했다. 연료도 액체에서 고체추진제로 대체하고 있어 기습공격력이 과거 어느 때보다도 훨씬 높아졌기 때문이다.

우주에서의 정보감시정찰 수단은 바로 인공위성인데, 인공위성은 영상수집, 신호감청, 통신중계, 지구관측, 기상측정 등의 다양한 용도, 또는 군사목적이나 민간 상업목적 등에 따라 다시 세부적으로 분류된다. 그 중 군사목적으로 영상정보를 수집하기 위한 위성을 군사 정찰위성이라고 부른다. 그런데 영상정보를 수집하는 군사 정찰위성은 다음의 표에서처럼 탑재되는 센서의 종류에 따라 주야간과 전천후 영상정보 수집능력에

---

8) 한국군은 독자적 군정찰위성 확보를 위해 425군정찰위성 사업을 착수하여 현재 추진 중이다. 예산은 약 1조 2천억 정도이며, 레이다영상 위성(SAR) 4기와 광학영상 위성(EO) 1기 총 5기를 개발 중이다. 425사업명은 SAR(발음이 4), EO(발음이 25)에 착안했다. 전력화 예상기간은 2025년도 경으로 알려졌다.

큰 차이점이 있다. 이는 군사 정찰위성의 성능, 즉 선명도를 알 수 있는
해상도가 고해상도냐 저해상도냐에 따라 북한의 핵탄두를 실은 무기체계
여부를 구별할 수 있는 군사적 가치 유무 판별능력에 큰 차이가 있다는
의미이다.

구 분	전자 광학(EO)	적외선(IR)	레이다영상(SAR)
개 념	빛 차이를 영상화	열 차이를 영상화	레이더파를 영상화
장 점	주간만 정밀 영상정보, 정지/동영상 제공	주.야간 영상 획득	주.야 전천후 영상 획득 가능
단 점	야간/악기상 제한	우천 등 기상 제한	고도 전문가 필요 재밍에 취약

☞ EO : Electro-Optics, IR : Infra-Red, SAR : Synthetic Aperture Radar

※ 해상도 : 선명도/정밀도 조기경보/표적성질 판단과 직접 연계성

〈그림 3〉 영상정보 센서별 장단점

위의 표에서처럼 전자광학(EO) 센서는 태양의 빛이 존재하는 주간에
만 영상정보를 획득할 수 있다. 일상에서 우리가 카메라로 주간에 촬영
한 일반적인 사진의 형태와 유사하다. 적외선(IR) 센서는 열의 차이를 영
상으로 구현하는데 생명체(예, 전방지역 DMZ 내에서 이동하는 사람/동
물 탐지가 가능 - 종류 식별은 전문가만 가능)의 체온이나 공장을 가동
시 발생하는 열(예, 영변원자로 가동시 나오는 열 탐지로 원자로 가동 여
부 확인이 가능)에 의해 특정활동에 대한 정보를 확인할 수 있다. 주야간
기상조건이 양호할 시에는 관련 영상획득이 용이하다.

다음으로 레이다영상(SAR) 센서는 레이다 전자파를 쏘아 물체에서 반

사되는 전자파로 형상화하여 식별하는 원리인데, 레이다영상 획득은 주·
야 그리고 전천후로 가능한 대신 고도의 판독 전문가가 필요하고 상대
적국의 재밍(전자파 교란)에 취약한 단점이 있다. 따라서 레이다영상은
광학영상과 상호 중첩해서 검증과정을 거쳐야만이 신뢰도를 높일 수 있다.

일반적으로 이러한 영상정보 수집수단은 지상에서 운용할 수 있는 고
성능 카메라(EO), 열영상적외선 카메라(TOD/IR), 레이다영상(SAR) 등
지상감시 수단이 있고, 항공기나 무인기 등에 EO/IR 센서나 SAR 센서
를 탑재하여 운용하는 항공정찰기, 그리고 인공위성에 EO/IR 센서나
SAR 센서를 탑재하여 군사적 목적으로 운용하는 군사 정찰위성 등이 대
표적이다. 이중 지상감시 수단이나 항공정찰기는 북한지역 상공에서 직
접 운용할 수 없기 때문에 DMZ 이남 우리 지역에서 동서 양방향인 측방
으로 반복 이동하면서 북한지역을 촬영할 수밖에 없다. 그런데 산악지형
이 많은 북한지역 특성상 촬영할 수 없는 사각지역이 많이 발생함에 따
라 정보감시활동이 크게 제한을 받는다. 하지만 군사 정찰위성은 북한
영공처럼 아군 정찰기가 가지 못하는 수백km의 우주 상공에서 사각지역
이 적은 상태로 북한지역을 촬영할 수 있기 때문에 매우 중요한 대북정
보 감시정찰 자산이다.

이러한 군사 정찰위성은 우주공간 수백km 상공에서 운용되는 이유로
지상의 물체나 장비(특히 핵무기/TEL 등)를 식별하는 능력이나 성능은
화질의 선명도에 따라 좌우되는데, 정찰위성의 선명도를 바로 '해상도
(resolution)'라 부른다. 보통 해상도가 낮은 영상정보 수집수단인 다목
적 위성이나 초소형·소형 위성은 지구관측이나 넓은 지역에서의 지형변

화, 건물 신축 유무, 넓은 해상에서의 선박 유무 등 주로 상업적 목적, 기타 기상이나 자연재해 등을 확인하는 용도와 목적으로 활용되고 있으며, 고해상도 정찰위성은 군사적 목적으로 사용되는데 통상 30cm급 이내의 선명한 해상도가 요구되고 있다. 30cm급 이내의 해상도를 통상 고해상도라 부르는데 우리에게 잘 알려진 미군의 KH(Key Hole) - 11/12 정찰위성이 여기에 포함되며 세계에서 가장 초고해상도로 알려져 있지만 보다 구체적인 성능은 비밀로 관리된다.

앞에서 이미 북한의 핵·미사일 위협의 실체를 살펴봤듯이 북한이 핵무기를 장착하고 목표를 공격 또는 위협하려는 미사일은 모두 이동식발사대인 TEL에 적재되어 움직인다. TEL은 평시 갱도기지의 저장고에 위치하고 있다가 유사시 미사일을 싣고 나와 숲속이나 야음을 틈타 은밀하게 발사진지로 이동하여 기습발사 목적으로 운용된다. 또한 북한은 크기나 모양이 똑같은 유사장비를 제작하여 기만장비로도 활용한다. 그래서 구별하기가 더욱 어렵다.

따라서 북한의 핵무기가 가장 큰 위협으로 현실화된 현시점에서 이동식발사대(TEL)의 증가와 기만전술까지 고려할 경우에는 TEL과 핵무기를 적시에 식별할 수 있는 30cm급 이내 고해상도의 성능을 가진 정찰위성이 최소 15~20기가 더 필요하다는 것이 군 자체에서 분석한 연구결과이다. 이와 함께 상당수의 우수한 전문 판독관 및 분석관의 충원과 양성도 시급히 요구된다.9)

---

9) 필자의 정보실무 경력, 미국·독일·이스라엘 군이 실제 운용하는 정찰위성센터를 방문한 경험에 의하면 북한의 핵무기를 실은 TEL을 추적감시하기 위해서는 30cm급 이내의 독

일각에서는 상대적으로 저가인 초소형위성 해상도 1m급으로 425군 정찰위성 성능(30cm급 해상도)을 보완할 수 있다고 주장하지만, 저해상도의 초소형위성 영상은 북한의 TEL과 같은 군사적 정밀표적을 식별하는 데는 전혀 도움이 되지 못한다. 위성영상의 해상도 수치에 따른 성능차이를 실제로 경험하지 못한 비전문가들에게는 1m급 영상이 지상에서의 1m 크기인 물체나 장비의 종류를 정확하게 식별하는 것으로 잘못 알려져 있다.10) 마찬가지로 해상도 30cm의 의미를 지상의 30cm 크기인 물체나 장비의 종류를 정확하게 식별할 수 있는 것으로 오해하고 있다. 이러한 위성영상의 해상도에 대한 이해를 돕기 위해 다음과 같은 해상도별 실제 위성영상 사진(상업용 고해상도 위성 광학영상임)을 통해서 살펴보고자 한다.11)

위성영상의 해상도를 나타내는 수치는 영상의 화질을 구성하는 최소단

자적인 한국군 고해상도 정찰위성이 한반도 상공을 최소 30분 단위 정도로 재방문해야 미군의 정찰위성과 중첩하여 최단 시간 내에 북한의 TEL을 추적감시 할 수 있다고 분석된다. 여기서 30분이라는 시간도 30분 단위로 위협무기를 식별할 수 있다고 오해해서는 안되며 30분은 경험적으로 위성이 촬영한 영상사진을 판독하여 특정 무기체계를 적시에 추적, 식별해 낼 수 있는 적정 최소시간을 의미한다. 1시간 이내의 30분 단위 정도로 정찰위성이 한반도 상공을 통과할 경우 1일 24시간을 48등분하여 북한의 핵무기와 TEL을 촘촘히 추적할 수 있는 감시체계(북한 TEL의 이동속도와 도로상의 주요감시 목지점을 기준으로 한 그물망식 감시체계)를 구축시 비로소 최적의 시간대에 북핵·미사일 도발·공격 징후를 조기에 경보할 수 있다는 실무적·경험적 산출 시간이기도 하다.

10) 특히 초소형위성이 촬영하는 해상도 1m급 레이다영상(SAR)은 나무숲 속에 은폐해 있는 TEL은 식별할 수 없다. 차량이나 트럭 등과 섞여 있어도 구별을 못한다. 1m급 저해상도 레이다영상은 전자파 세기가 30cm급 레이다영상(SAR)보다 훨씬 약하기 때문에 나무숲을 투과해서 장비를 형상화하는 성능이 매우 미약하기 때문이다. 그런데도 1m급 초소형위성 영상이 30cm급 고해상도 영상을 보완할 수 있다고 주장하는 것은 현실적이지 못하다.

11) 이 영상사진은 광학영상(EO) 사진이라서 일반인에게 비교적 익숙하지만, 레이다영상(SAR) 사진은 일반인이 이해하기 매우 어렵다. 전문가의 몫인 셈이다.

위인 화소(pixel) 1개의 크기(면적)를 말한다. 수백km(통상 군사 정찰위성은 지상에서 500-600km 떨어진 우주공간의 궤도에서 운용)나 이격된 우주의 상공에서 정찰위성이 촬영하는 영상인 만큼 화소(점)의 크기가 밀리미터급(mm)이 아닌 센티미터급(cm)으로써 우리가 일상생활에서 TV 모니터나 PC 모니터 또는 카메라 폰의 화질을 구성하는 인치당 (2.5×2.5cm) 픽셀의 수(수십~수백만 화소)와는 크기(면적)가 현저히 다르다는 점을 이해해야 한다.

예를 들어 위성 영상 '해상도 30cm'는 지상의 어떤 물체나 장비의 실제 형체 중 30cm×30cm 크기(면적)가 한 개의 점으로 형성된다는 점을

☞ 초소형 위성(저해상도/1m급), 군425 정찰위성(고해상도/30cm급)

〈그림 4〉 해상도 비교(좌-1.5m급, 중앙좌-0.9m급, 중앙우-50cm급, 우-30cm급)

고려할 경우, 실제로는 아래 도표의 우측 영상사진처럼 주차장에 위치한 물체가 차량이라는 점을 구별하고 근처에 위치한 차량과 소형 차량인지 중·대형 차량인지를 구별할 수 있는 성능을 가지고 있다고 볼 수 있다. 물론 동일한 30cm급 레이다영상(SAR)은 지금 제시한 광학영상(EO) 사진하고는 또 다른 특성을 극복해야 한다. 레이다영상(SAR)은 차량/장비 여부 식별에 더욱 고도의 전문기술이 요구되며 장기간의 축적된 자료도 필요하고 또한 광학영상(EO)으로 중첩해서 비교 및 확인하지 않으면 정확한 물체나 장비의 종류를 식별하는 것이 불가하다.

그 좌측의 해상도 50cm급 위성영상 사진은 주차장에 위치한 차량이 소형인지 중·대형인지 구분하기가 어렵다. 다시 그 좌측의 해상도 1m급 은 아예 물체가 차량인지 지상에 원래 위치해 있던 물체인지 조차 구분하기 어렵다. 광학영상(EO)도 이러한 데 동일조건의 해상도를 가진 레이다영상(SAR)은 광학영상보다 더욱 물체나 장비 식별이 곤란하다.[12) 위에 제시한 실제 위성사진은 광학(EO) 영상이고 이미 인지하고 있는 도로상 또는 주차장이니까 그나마 물체가 차량이라고 추정할 수도 있지만 기만 장비와 함께 움직이는 핵무기를 탑재한 북한의 TEL은 고해상도 위성영상과 경험 있는 전문 판독관이 아니면 찾아내기가 어렵다.

그런데도 일각에서는 우리 군이 추진중인 30cm급 이내의 고해상도 정찰위성에 비해 초소형위성의 활용도가 더 높다는 주장을 한다. 제작비용이 저가라는 이점을 살려 더 많은 초소형 위성을 만들어 우주에 올리

---

12) 군사정찰 위성 중 광학영상(EO) 대비 레이다영상(SAR)은 또 다른 전문성이 요구된다. 레이더영상은 전천후 주야간 촬영이 가능한 장점이 있지만 레이다 반사파로 형성되는 물체나 군사장비의 형상(영상)은 고도의 전문분석관만이 분석할 수 있다. 그것도 고해상도 광학영상(EO)과 중첩하여야 하고 오랜 기간 축적된 관련 데이터자료가 없이는 불가능하다.

면 더 많은 영상을 획득할 수 있으며 고해상도인 군사 정찰위성의 촬영 공백시간을 보완할 수 있다고 주장한다. 또한 물체나 장비식별이 어려운 1m급, 그것도 레이다영상(SAR)인 초소형위성으로 촬영한 영상사진을 AI 기능으로 처리하면 판독시간도 줄일 수 있다고 주장한다.13) 그러나 이는 사실에 입각한 주장이 아니다. 단순 숫자만 비교 하는 것은 위험하다. 가장 중요한 성능과 군사적 가치를 도외시 하는 우를 범할 수 있기 때문이다. 4차 산업혁명 첨단기술 시대의 분위기에 편승한 초소형위성 사업의 이점을 충분히 고려한다해도 고해상도 군 정찰위성 사업을 대체할 수 없다. 국가안보와 국민안전을 심각하게 저해할 수 있기에 성능의 한계에 대한 보다 신중한 판단이 요구된다.

물론 초소형 위성 추진론자들은, 첨단과학기술 발전시대에 맞춰 초소형 위성 센서의 저해상도를 고해상도로 점차 업그레이드 할 수 있도록 기술개발을 해나가면 가능하다고 주장한다. 그러나 초소형 위성은 전체 위성중량이 100kg 미만의 위성을 의미하기 때문에 가격면에서도 싼 것이다. 위성의 센서/렌즈 크기가 초소형 위성이 탑재할 수 있는 한계성으로 인해 그만큼 작아질 수 밖에 없고 스펙이 떨어질 수밖에 없어 미국이나 위성 선진국 전문가들도 초소형 위성 센서의 해상도를 고해상도로 향

---

13) AI기능은 AI에게 관련 지식, 데이터를 정확하게 입력시켜야 가능하다. 적의 무기체계(장비) 식별이 가능한 최소한 동급수준의 해상도로 촬영한 데이터를 학습시켜야 만 AI가 인식하여 올바른 기능이 발휘될 수 있다는 사실을 망각해서는 안된다. 물체나 장비를 구별할 수 없는 1m급 초소형위성 레이더영상 사진을 수백, 수천장 찍은 사진에서 획득한 데이터로 AI가 물체와 장비를 구분할 수 있는 기능을 발휘하라는 것은 전혀 사실에 근거한 주장이 아니다. 필자가 해당업무시 50cm급 이상의 광학영상(EO)은 있어도 활용한 적이 없다. 미군이 30cm이내의 고해상도 정찰위성 사진을 공유하기 때문에 저해상도 영상사진은 군사적 가치가 없다.

상시키는 기술의 발전은 앞으로도 30년 정도가 더 경과해야 가능하다는 것이 중론이다.[14]

이런 이유로 현재까지 초소형 위성은 지구관측, 지형이나 해상의 변화 사항을 탐지하는 목적으로 활용되는 민간용 상업위성에 국한되고 있다. 따라서 고해상도 군사 정찰위성(최소 30cm급 해상도)은 위협국의 무기 체계를 식별하여 조기에 경보할 수 있는 군사무기체계로 대체 불가능하다는 점을 잊지 말아야 한다.

필자는 오랜 기간 미국의 (초)고해상도 군사위성 영상을 직접 분석하며 북한의 도발징후를 융합하는 부서에서 근무한 경력이 있다. 또한 선진 군사 위성국들인 독일군 전략정찰사령부와 이스라엘군 정찰위성센터를 직접 방문하여 군사정찰위성 영상의 해상도를 토대로 성능별 무기체계 식별 능력(탱크인지 자주포인지, 미사일에 연료를 주입하는 유조차량인지 미사일을 실은 TEL인지 구별할 수 있는 성능)을 수차례에 걸쳐 직접 확인하고 경험한 바 있다.[15] 이를 기초로 우리 군의 독자적인 정찰위

14) 필자는 우리 군에서 요구되는 성능을 충족시킬 수 없는 초소형 위성 사업에는 부정적인 입장이다. 그러나 민간차원에서 초소형 위성 개발을 반대하는 것은 결코 아니다. 초소형 위성은 성능면에서 민간 상용목적으로 개발하여 활용하는 것이 더 합목적적이라는 뜻이며, 단지 군사적으로 활용하려는데 문제가 있다는 의미이기도 하다. 고해상도 군사정찰위성은 무기체계의 하나이기 때문에 각종 보안체계가 요구된다. 초소형 위성은 해상도 성능은 물론 보안체계 구축도 제한되어 군사적 용도로 활용하기 곤란하다.
15) 만에 하나 해상도가 낮은(1m~50cm) 위성영상으로 북한의 미사일 기지에서 이탈한 유조차량·크레인(TEL크기와 유사함)을 핵·미사일이 적재된 TEL로 오인한다면 어떠한 상황이 초래될 것인가? 불을 보듯 뻔하다. 필자는 이러한 측면에서 한국군의 독자적 정보력 구축의 최우선순위는 바로 고해상도 정찰위성 밖에 답이 없다고 본다. 눈 앞에 다가온 북핵·미사일 위협에 주저주저하면서 이것 저것 모두 다 해야 할 시간이 없다. 북한 및 주변국의 위협과 상황에 기초하고 경중완급과 우선순위를 고려한 주요전력 결정과정

성 사업의 필요성과 당위성 정립에 나름대로 조그마한 역할을 하였음을 밝힌다.

전술한 바와 같이 향후 우리 군은 현재 추진 중인 고해상도 군 425정찰위성 1차 사업(5기)을 조기에 완성하여 운용해야 하고, 추가로 2차, 3차 사업을 적기에 확충하여 2030년대에는 군 정찰위성이 적어도 15기에서 20여 기가 운용될 때 비로소 한국군의 독자적 정보력이 구축될 것으로 확신한다.

한국군은 1978년 한미연합사령부 창설 이후 지난 40년 이상 미군의 월등한 정보에 의존해왔지만 이제 세계 10위의 경제강국의 선진 형 강군이 됐다. 우리의 첨단기술력도 세계적 수준이다. 이제 독자적 정보 감시정찰 능력을 스스로 구축할 시기가 도래한 것이다.16) 또한 정보감시정찰 능력은 전작권 전환의 핵심조건 중에서도 핵심이다.17) 독자적 정보력이 미흡하면 상대에게 영원히 끌려갈 수밖에 없고 전작권을 환수하더라도 상대에게 의존적일 수밖에 없어 독자적 작전을 수행하는데 많은 제한을 받을 것이다.

은 우리 안보를 위해 투명하고 올바르게 적용돼야 한다. 국민의 생명과 안전, 국가안위의 문제다. 북핵·미사일 위협의 올바른 실체와 북한의 의도를 찾아내는 진정한 정보력이 필요한 시기다.
16) 1983.7.1. 한국군에 최초로 정보병과가 창설됐다. 한국군 스스로 정보분석 능력은 크게 발전했지만, 아직도 독자적인 군정찰위성을 운용하지 못함으로써 미군 정보에 상당히 의존적이다. 한국군의 독자적인 425군정찰위성의 조기운용은 아무리 강조해도 지나치지 않다.
17) 김황록, [Focus 인사이드]전작권 전환 조건의 핵심은 '자주정보능력' | 중앙일보(joongang.co.kr), 2020.08.12. 참조.

이제 북한 김정은 정권은 사실상 핵무기를 보유하고 우리를 협박하며 길들이고 있다. 핵보유국 행세 하에 언제 어떤 방법으로라도 대남 군사 도발을 감행할 가능성이 그 어느 때 보다 높아진 만큼 이러한 북한의 군사도발 징후나 공격징후를 조기에 탐지하고 경보할 수 있는 철저한 대비 태세를 갖추어야한다. 따라서 북한의 핵·미사일 도발을 억제하기 위해서는 무엇보다도 우리군의 독자적인 정보감시정찰 능력과 이러한 정보를 바탕으로 대처할 추가적인 요격체계의 확충이 우선적으로 필요하다.

V. 독자적 고해상도 군정찰위성 및 사드 우선 확충

앞에서 우리는 북한, 특히 김정은 시대 북핵·미사일 위협의 실체는 무엇이고, 이러한 고도화된 핵·미사일을 어떻게 위협하려는지 살펴보았다. 따라서 우리에게 직접적인 눈앞의 위협으로 다가 온 북핵·미사일의 도발 징후를 우리 군이 독자적으로 찾아내야 하고, 그래도 만약 도발할 경우에는 사드를 포함 미사일 방어체계를 추가로 구축하여 다층 방어로 대비하지 못하면 국민의 안전은 물론 국가의 주권과 영토를 제대로 수호하기 어렵다는 사실을 확인했다.

북핵·미사일 위협을 다시 한번 상기한다면, ① 김정은 시대 북한의 핵·미사일 위협은 김일성·김정일 시대와는 비교할 수 없을 정도로 훨씬 커졌으며, 그 실체로 ② 핵무기는 확실하게 소형화됐고 ③ 소형화된 핵무기를 실어 나를 수 있는 다양한 전술, 전략미사일이 완성됐고 ④ 미사일 발사 플랫폼인 이동식발사대(TEL) 수량도 증대되고 철도식 플랫폼도 새롭게 추가 함으로써 이들을 추적해야 하는 감시소요와 요격 및 방어소요도 크게 증가했다고 요약할 수 있다.

김정은 시대 이전의 북핵·미사일은 그 위협의 실체가 모호했던 점이 많았지만, 김정은 시대 북핵·미사일 위협은 우리의 눈앞에, 머리 위에 직접 다가와 있다고 보면 분명하다. 특히 김정은은 핵을 탑재한 미사일이 우리에게 저고도, 극초음속, 요격회피 기동 기술을 가지도록 첨단화함으로써 방어나 요격을 할 수 없도록 의도했다. 이러한 당면한 북핵·미사일 위협을 찾아내고 추적 감시하여 북한의 도발·공격·전쟁을 억제할 수 있어야 한다. 국가안보와 국민안전을 지킬 수 있도록 우리는 빈틈없이 대비해야 한다.

이를 위해 우리 군의 정보정찰감시(ISR) 분야에서는 고해상도 군사정찰위성 사업에 우선순위를 두어 조기전력화와 추가 확충을 통해 독자적 정보역량을 강화해 나가야 한다. 그리고 이에 수반되는 영상판독관과 정보분석관도 확대해야 하며, 미 국가지리정보국(NGA) 등 위성 선진국(프랑스·독일·이스라엘·이탈리아 등)들의 관련기관과 교류협력을 강화하여 전문교관과 분석관·판독관 교환교육훈련 체계를 구축해야 한다. 또한 현재 교육사 예하의 육군정보학교를 정보본부로 예속시키고, 국방어학원도 정보본부로 통폐합시켜 교육과 실무가 연계되고 일원화되도록 해야 할 것이다. 현재 국방부 및 합참 정보본부의 역할과 기능이 이원화되어 있다. 정보분야를 총괄하는 지휘관인 정보본부장의 참모조직도 보강하여 정상적인 임무수행이 가능토록 편성과 임무도 재정립할 필요가 있다.

주요 정책결정자들은 대부분 적시적인 정보를 요구하지만 정보수집역량과 전문인력 양성, 과학적 분석체계의 중요성에 대해서는 관심이 적다. 정보수집 및 분석활동 자체가 단순하지 않다는 점과 전문성이 요구되는 정보활동의 속성을 이해하려는 노력이 도 필요하다.[18]

북한의 고도화된 핵·미사일 위협은 우리 국민의 생명을 위협하며 동시에 인질화하고 있다. 북한이 2022년 2월 25일과 3월 7일 각각 발사한 정찰위성용 탄도미사일은 심각한 위협이며 김정은이 10일 국가우주개발국을 방문해 내린 교시에 따르면 일본은 물론 인태지역 전체를 공격 범위에 포함시키고 있다. 특히 김정은이 향후 2025년까지 정찰위성 5개를 확보하라는 지시는 우리 정찰 위성 사업이 보다 정교하고 시급하게 진행되어야 함을 보여준다.

① 적을 알고 나를 알면 백번을 싸워도 위태롭지 않으며(知彼知己면 百戰不殆요), ② 적을 모르고 자기만을 알면 승부는 반반이고(不知彼而知己면 一勝一負하고), ③ 적도 모르고 자기도 모르면 싸울 때마다 반드시 위태롭다(不知彼不知己면 每戰必殆)는 손자병법에 나오는 잘 알려진 구절이다. 그렇다면 우리 군의 정보역량은 어느 정도일까? 특히 군의 독자적

---

18) 우리 군의 정보분야 발전 로드맵은 국방부/합참 정보본부에서 기획/계획하여 시행 중이다. 하지만 정보전력(ISR·전문인력/정보체계 등) 사업 추진간 각군별 이기주의가 없어져야하고, 전력화 우선순위 결정과정에서의 우선순위 배분도 합리적으로 이루어져야 한다. 북한과 주변국의 위협판단에 기초해야 한다는 의미이다. 특히 우리 군에서의 전략정보활동 원칙은 합참차원(한미연합사 포함)에서 군사작전을 통합조정하여 운용하는 '통합감시체계' 개념으로 발전되어야만이 정보감시정찰(ISR) 자산과 전문인력을 효율적으로 확보 및 운용할 수 있고 예산낭비도 줄일 수 있음을 간과해서는 안된다. 주요 정책결정자들과 정보분야 책임자간의 협력과 소통이 필요한 시기이다.

인 정보감시정찰 능력과 미사일 요격 및 방어능력은 위 3가지 구절 중 어디에 더 가까울까? 안타깝지만 필자는 ③번에 더가깝다고 생각한다.

윤석열 정부는 바로 우리의 눈앞에, 머리 위에 북핵·미사일이 언제 어디서 떨어질지도 모른다는 가정하에 상쇄전략을 모색하고 대비해야 한다. 따라서 북핵·미사일 도발과 공격징후를 명확하게 감시·식별하고 이를 상쇄시킬 수 있는 자체역량을 강화해야 한다. 그렇기 때문에 우리 군의 고해상도 425 정찰위성 사업은 보다 정교하게 설계해야 하며 사업을 신속하게 추진해야 한다. 아울러 사드 추가배치의 중요성과 필요성, 조기 전력화의 우선순위를 설정하고 사업을 조속히 추진해야 한다.

VI. 결론: 우크라이나 사태의 교훈

푸틴의 우크라이나에 대한 전면 침공이 시작됐다. 2022년 2월 24일 개전 이후 벌써 3주 차에 접어들고 있다. 바이든과 유럽 정상들의 거듭된 경고에도 불구하고 이번 사태는 2022년 최대의 국제 위기로 치닫고 있다. 전면전까지는 가지 않을 것이란 국제사회의 기대와 희망은 한순간에 무너졌다. 바이든의 섣부른 군사적 불개입 선언과 북대서양 기구 소속 국가들의 의지 부족이 사태를 키우는 촉매 역할을 했다. 한마디로 억제의 실패이다. 구테흐스 유엔 사무총장은 이러한 푸틴의 결정을 유엔헌장의 원칙에 정면으로 도전한 침략행위로 규정하고, 뒤늦게 특별총회를 통해 즉각 철군을 요청했지만 북한을 비롯한 5개 국가는 결의안에 반대했으며 다수의 중남미 국가들과 인도 등 일부 쿼드 국가조차 기권을 했다. 300만 명의 난민이 발생하고 우크라이나의 대부분 도시들이 파괴되고 있지만 미국과 나토는 3차 세계대전 발생을 예방한다는 차원에서 군사적 개입을 주저하고 있다. 젤렌스키 대통령이 요구한 비행금지구역 설정과 폴란드를 통한 공군 전투기 지원도 같은 이유로 거절하고 있다.

우리 정부도 러시아의 무력 침공을 규탄하고 국제사회의 제재에 동참하기로 결정했지만 이번 사태는 중국과 북한의 위협을 상대해야 하는 우리에게 많은 교훈을 준다.

우크라이나 사태는 강 건너 불구경이 될 수 없다. 중국과 북한은 미국과 국제사회가 어떻게 대응할지 면밀하게 관찰하고 있을 것이다. 바이든 역시 중간선거를 앞둔 시점에서 제2의 아프가니스탄을 만들 여유가 없다. 카불 함락에 이어 리더십에 큰 타격을 받을 수 있고 현상 변경을 시도하는 국가들의 도전은 더욱 거세질 가능성이 크기 때문이다. 러시아의 키이우 조기 점령실패와 국제사회에 팽배한 반푸틴 정서의 확산은 바이든에게 큰 도움이 되고 있다. 3월 1일 국정연설 이후 지지율이 45%로 확대됐고, EU와 나토를 통합시키는 정치적 효과를 가져왔다.

이번 우크라이나 사태는 하이브리드 전쟁과 회색지대 전략의 중요성을 새삼 일깨워주고 있다. 미중 대결로 세간의 이목이 집중된 사이 푸틴은 자신의 존재감을 과시하고 있다. 전쟁의 문턱을 넘지 않으리란 예상을 깨고 전광석화와 같은 침략을 단행함으로써 러시아가 여전히 국제질서를 주도할 수 있음을 보여줬다. 러시아가 구사하는 하이브리드전은 다섯 가지 특징을 보여준다. 첫째, 공포심을 유발하며 우크라이나의 중심을 무너뜨리고 있다. 각종 흑색선전, 여론조작, 가짜뉴스를 퍼뜨리면서 혼란에 빠진 상대의 리더십을 압박하고 있다. 젤렌스키 대통령과 부총리 페도로프 등이 SNS를 통해 이에 적극적으로 맞서고 있지만 새로운 전쟁은 국제여론전과 심리전의 양상을 보여주고 있다. 둘째, 각종 사이버 공격이 전방위적으로 추진되고 있다. 특히 주요 군사정보가 고스란히 노출되고 있다. 예산 부족으로 인해 군인 개개인이 값싼 소프트웨어를 직접 사서 사용하는 우크라이나 포병의 경우 러시아가 심어놓은 악성코드로 인해 포대의 위치가 노출되고 있다. 군 주요 시설 83곳이 개전 첫날 폭격을 당했다. 사이버 방호벽이 일찍부터 무너진 셈이다. 셋째, 2014년 크림반도 합병 이후, 러시아에 대한 누적된 반감은 국민 사기와 저항정신을 북돋아 주고 있다. 우크라이나는 역사적으로 투쟁 정신이 투철한 민족이다. 우크라이나의 정체성을 송두리째 빼앗길 수 있다는 불안감이 이들을 단합시키고 있다. 국민경제의 파탄으로 인한 국방예산의 부족은 주요 무기체계와 탄약 부족으로 이어졌지만 국민이 단결하고 지휘부의 항전 의지가 확고하면 국제사회가 무기와 탄약을 지원하며 도울 수 있음을 보여줬다. 넷째, 대규모 병력 감축에 이어 성급한 모병제의 도입과 부대 감축은 전쟁 지속능력조차 기대하기 어렵게 만들고 있다. 이는 러시아도 마찬가지이다. 러시아 징집병들은 전장에서 결기를 상실했고, 효과적인 전투력을 보여주지 못했다. 작전계획은 물론 제병협동이 전혀 이루어지지 않아 세계를 충격으로 몰아넣고 있다. 양국 모두 국방혁신의 결과가 초라하다. 특히 친러 민병대와 러시아 특수부대의 역할이 전혀 작동하지 못하고 있다. 소위 '리틀 그린맨'의 효과는 우크라인들의 항전의지 앞에 사라졌고, 오히려 푸틴은 시가전에 능한 시리아 용병들을 전장에 불러들이고 있다. 마지막으로 이번 도발에는 러시아가 직접 군사력으로 개입하지 않을 것이라는 예측을 뒤집었다. 하이브리드전에 대한 고정관념을 역이용한 것이다. 무력시위와 국지도발 만으로도 이미 정치적 효과를 거둘 수 있다는 정보 예측의 명백한 실패이다. 또한 러시아의 침략행위를 고발하는데 일익을 담당하고 있는 메타 테크놀로지사가 개발한 민간위성의 역할이 주목을 받고 있다. 해상도는 부족하지만 러시아군의 이동장면과 러시아군의 만행, 작전 실패장면들을 전 세계 시민들에게 SNS를 통해 시시각각 전달함으로써, 국민단결과 항전의지, 세계인들의 단결된 우크라 지원과 반러시아 운동 확산에 매우 중요한 공헌을 하고 있다.

북한은 이번 사태를 통해 어떤 교훈을 얻을 것인가? 북한은 미국이 강력한 제재를 발동하고 있으며 폴란드와 독일에 추가 병력을 배치하고, 아파치 헬기 부대를 신속 파병하는 일련의 과정들을 눈여겨볼 것이다. 그러나 바이든 행정부가 러시아의 군사적 기습 점거를 무력으로 반격하거나, 퇴치하지 못한다는 사실에 주목할 가능성이 크다. 러시아가 상대방 영토를 기습 점거한 후, 군사적 압박을 풀어주는 대신 더 많은 양보를 미국에 강요할 수 있다는 가능성에 매료될 것이다.

물론 한반도 상황은 동유럽과는 다르다. 그러나 이번 우크라이나 사태는 미래 국방혁신을 준비하는 윤석열 정부에게 많은 시사점을 준다. 첫째, 평화만을 강조하는 상대가 언제든지 무력을 선제적으로 행사할 수 있다. 둘째, 미국이 상응하는 군사적 개입을 주저할 경우, 위기를 자초할 수 있다. 힘의 공백이 생기지 않도록 철저한 동맹 관리와 협력이 필요하다. 또한 기습공격에 대처할 수 있는 한국형 상쇄전략을 설계하고 역량을 키워야 한다. 셋째, 하이브리드 전의 핵심은 국론 분열이며 동시에 국민의 신뢰를 얻는 일이다. 북한의 핵과 미사일의 고도화가 국민 불안으로 이어지지 않도록 여론전, 심리전에 대한 철저한 대응이 필요하다. 넷째, 디지털 기반사회에 충격을 줄 수 있는 사이버 해킹에 대비해야 한다. 랜섬웨어에 의한 사이버 해킹은 한국이 미국 다음으로 많은 피해를 받고 있다. 전문가들은 2025년까지 약 10조 5천억 달러의 경제손실을 초래할 수 있다고 전망한다. 반도체와 같은 주력 산업이나 항만, 지하철, LNG저장소, 원전과 같은 국가 주요시설 들에 대한 보안 강화가 절실하다. 군과 국정원, 정부 부처, 공공기관과 민간 기업을 연계하는 융합보안이 강화되어야 한다. 또한 이를 관리할 컨트롤 타워의 구축도 필요하다. 특히 신기술 분야와 공급망 관리를 위한 동맹 간 협력이 미일 수준으로 대폭 강화되어야 한다. F-35A와 같은 최첨단 장비도 내장된 소프트웨어의 방호역량이 없다면 무용지물이다. 마지막으로 모병제와 부대 감축이 미칠 부정적 결과이다. 우크라이나 군 개혁은 전투력의 손실로 이어졌다. 1991년 78만 명의 병력을 2020년까지 20만 명으로 감축했다. 2014년에는 징병제를 폐지했다가 급기야 8개월 만에 다시 복원했지만 이미 피해는 돌이킬 수 없게 됐다. 현재 약 6만 명 정도의 전문 모병이 배치되어 있지만 대부분 돈바스 지역에 국한되어 있으며, 키이우 방어전에는 전혀 도움을 주지 못하고 있다. 우크라 지휘부는 NATO에 대한 편입과 미국의 도움으로 러시아의 위협을 물리칠 수 있다고 굳게 믿었다. 크림반도 병합을 성취한 러시아가 더는 영토적 욕심을 갖지 않을 것으로 판단했기에 명백한 오판이다. 동아시아와 한반도에서도 하이브리드 전쟁과 회색지대 전략은 언제나 소환될 수 있다. 우리는 로마의 전략가 베제티우스의 명언을 되새겨야 한다. Si Vis Pacem, Para Bellum.(평화를 원한다면 전쟁을 준비해라) 힘을 통한 평화만이 답이다.

필자는 고해상 위성 확보가 국민의 안전과 한국의 정보역량 증진에 매우 시급하다고 주장했다. 미국은 러시아 군의 움직임을 위성정보로 소상히 파악했지만 하이브리드전의 교리를 역이용한 푸틴의 노림수를 파악하는 데 실패했다. 이는 우리에게 매우 중요한 교훈이다. 고해상도 위성을 통한 독자적 정보역량을 확대하는 것은 국방혁신에 있어서 매우 중요한 우선순위이다. 그러나 위성정보가 정확한 정보판단을 대체할 수 있는 전부는 아니다. 특히 이번 우크라이나의 메타 테크롤로지사의 민간위성 정보의 활용은 우리에게 영상정보를 어떻게 활용해야 하는가에 대해 새로운 통찰력을 제공하고 있다.

특히 북한 김정은은 다수의 정찰위성을 2025년까지 확보한다는 계획을 공개적으로 밝히고 있다. 정찰위성의 경쟁시대가 본격적으로 열리고 있다는 점에 주목하지 않을 수 없다.

이러한 시점에서 우리는 소프트웨어와 하드웨어의 융합 필요성을 강조하고자 한다. 한국형 상쇄전략은 고해상 정찰위성의 확충에 그쳐서는 안 되며, 전 출처의 정보를 적시에 융합하여 적의 의도를 정확히 읽어 낼 수 있어야 한다. 이번 우크라이나 사태는 정보 판단의 중요성과 이러한 정보를 어떻게 활용해야 하는 가를 보여주는 대표적 사례이다. 정보실패의 심각성과 초연결 시대 국제여론의 향배가 전쟁지속 능력에 얼마나 중요한 요소인지를 새삼 깨우쳐주는 살아있는 교훈이다.

1. 북한이 미사일에 장착할 정도로 핵무기를 소형화했나? 재진입 기술은?

북한은 핵실험을 6회나 실시했다. 특히 김정은 시대는 4회(3~6차)를 단기간에 걸쳐 집중적으로 실시하여 미사일에 장착 가능한 핵무기를 소형화·경량화·정밀화, 그리고 다종화(플루토늄탄/우라늄탄)에도 성공했다. 북한보다 먼저 핵보유국이 된 인도와 파키스탄도 1998년 핵실험을 각각 5회 실시하고 핵무기를 보유하게 됐다. 미·소·영·프·중 등 이미 핵을 보유한 국가들은 핵개발 시작 이후 핵무기를 소형화하는데 걸린 시간이 최소 2년에서 최장 7년 밖에 걸리지 않았다. 북한은 2006년 1차 핵실험 이후 2017년 6차 핵실험까지 11년이나 경과되어 핵무기 소형화 기술은 이미 달성했고, 소형화한 핵무기를 상당량 보유 중인 것으로도 알려졌다.

한편, 미 국방정보국(DIA)은 ① 2014년, '북한이 핵무기 소형화 기술을 달성(스커드/노동미사일 등 단거리)'했고, ② 2017년, '북한이 이미 핵탄두 소형화와 대기권 재진입 기술(중·장거리)을 확보했다'고 평가했다.

2. 북한의 핵무기 예상 보유량은?

약 최소 60개에서 최대 100개의 핵무기를 제조할 수 있는 능력을 보유하고 있으며, 현재 제조한 핵무기 수량의 정확한 숫자는 확인이 제한되나, 상당수의 핵무기를 이미 보유하고 있는 것으로 추정된다. 핵무기를 만들 수 있는 핵물질인 플루토늄(Pu)은 약 50kg, 고농축우라늄(HEU)은 상당량을 보유하고 있다. 플루토늄은 영변에 위치한 5MWe 흑연감속 원자로를 1980년대 말부터 가동하여 최근까지 약 60kg 이상을 생산했고 이중 10여kg을 핵실험에 사용하고 잔여 50여kg으로 핵무기를 제조 또는 저장 중인 것으로 추정된다. 플루토늄은 약 3-6kg으로 핵무기 1개 제작이 가능하다. 고농축우라늄은 영변과 강선지역 그리고 수미상의 지역에서 비밀리에 지속 생산 중이며 최소 1천kg 이상을 생산하여 핵무기로 제조하거나 저장 중인 것으로 추정된다. 고농축 우라늄은 약 20-25kg으로 핵무기 1개를 제조할 수 있다.

3. 핵무기를 장착할 수 있는 미사일은 어떤 미사일들이 있나?

북한이 2017년도 시험발사에 성공한 화성-12형(IRBM), 화성-14형/15형(ICBM), 지대지 북극성 2형(MRBM), 기 보유 스커드와 노동미사일, KN-23(이스칸데르형), KN-24(에이태킴스형), KN-25(초대형방사포), 장거리순항미사일, 극초음속미사일 등 약 11종 등이 가능할 것으로 추정되며, 아직 미완성한 SLBM(북극성-3/4/5형)도 가까운 미래에 수중잠수함에서 발사가 성공할 경우 핵무기 탑재가 가능할 것으로 평가되는 등 총 11종 이상의 전술, 전략미사일에 핵탄두 장착이 가능할 것으로 분석된다.

4. 북한 핵무기와 미사일을 감시하는 가장 중요한 수단은?

다양한 정보감시정찰(ISR) 수단이 있지만, 북한지역이 산악지형이고 폐쇄적인 체제인 점 등을 고려시 가시선이 양호한 우주 상공에서 직하방으로 촬영할 수 있는 고해상도 정찰위성이 최적의 감시정찰수단이다. 연구결과에 의하면 현재 우리 군이 추진 중인 425 군 정찰위성(5기)과 같은 고해상도 성능의 정찰위성을 3배 정도로 확충(15-20기)할 경우 북한의 핵·미사일(TEL)을 나름대로 감시할 수 있는 한국군 독자적인 정보감시체계를 구비할 수 있다.

5. 한국군과 미군의 정보감시정찰 능력 차이는?

차이점을 계량적으로 정확하게 비교할 수는 없지만, 가장 크게 차이나는 분야가 바로 군사 정찰위성 영상정보 분야(고해상도 정찰위성)이며, 인간정보나 공개정보 분야에서는 다소 우위 또는 대등한 수준에 있다고 평가할 수 있다. 하지만 정보란 어느 한 국가가 우위에 있다고 단정할 수 있는 사안이 아니며, 상호 공유할수록 정보의 3대 특징인 적시성, 신뢰성 그리고 완전성을 높일 수 있는 특성이 있어 특히나 심각한 북핵·미사일 위협 앞에서는 한미간 긴밀한 정보공조와 정보동맹으로의 발전이 긴요하다.

6. 미군의 우수한 정보력을 공유하면 되지 왜 한국군 독자적인 정보 능력이 필요한가?

독자적인 정보력이 부족하면 정보력이 우위에 있는 미군에 상시 의존적, 종속적일 수밖에 없어 우리 스스로 북한의 핵·미사일 공격징후를 적시에 감시 및 추적할 수 없다. 특히 전작권을 환수하기 위해서는 독자적 정보감시정찰 능력이 선행돼야 자주국방이 가능하며, 만약 한미동맹이 약화되거나 최악의 경우 주한미군의 철수에도 대비해야 하기 때문에 한국군의 독자적인 정보능력 구비가 필수적이다.

한편, 한국군이 획기적으로 독자적 정보역량을 확대하게 되면 한미연합정보 능력도 향상된다. 이에 따라 북한의 핵미사일 위협을 한미동맹이 보다 정밀하게 추적감시함으로써 북핵·미사일 활동을 위축시킬 수 있기 때문에 비대칭적 대북 정보우위의 상쇄전략 효과로 위협을 감소시킬 수 있을 것이다. 김정은이 정보력 열세를 극복하기 위해 정찰위성과 무인정찰기 개발에 노력하고 있는 점은 감당할 수 없는 비용을 부담하게 하는 측면에서 긍정적인 효과도 있다. 다만 정찰위성 경쟁시대 개막에 대한 준비도 요구된다.

7. 군사정찰위성의 센서 중 광학영상(EO) 센서와 레이다영상(SAR) 센서의 차이는?

전자광학(EO) 센서는 태양의 빛이 존재하는 주간에만 영상정보를 획득할 수 있다. 일상에서 우리가 카메라로 촬영한 일반적인 사진의 형태와 유사하다. 따라서 전자광학(EO) 센서는 주간에만 촬영이 가능하며 구름이 많이 있거나 눈, 비가 오는 기상조건에서는 촬영이 어렵다. 다음으로 레이다영상(SAR) 센서는 레이다파를 지상에 쏘아 물체나 장비에서 반사되는 전자파를 모아 형상화하여 무기체계를 식별하는 원리인데 주·야 그리고 전천후시에도 레이다영상 획득이 가능하다. 하지만 전자광학 영상 사진처럼 직접 장비의 특징을 식별하는 것이 제한되어 고도의 전문 판독관이 필요하다. 또한 상대 적국의 재밍(레이다 전자파 교란)에도 취약한 단점이 있다. 따라서 레이다영상(SAR)은 전자광학영상(EO)과 상호 중첩해서 비교 및 검증과정을 거쳐야 신뢰도를 높일 수 있다. 세부내용은 보안사항이지만 우리에게 잘 알려진 미군의 KH(key-hole)-11/12 정찰위성이 북한의 미사일과 TEL을 주·야, 전천후로 식별하는데 가장 큰 역할을 해오고 있다.

8. 한국군 425정찰위성은 언제쯤 임무수행이 가능한가?

1단계 사업으로 2023년에 첫 기(EO)를 시작으로 2024~2025년까지 4기(SAR) 총 5기를 우주 상공에 쏘아 올려 전력화할 계획이며, 이후 2·3단계 후속사업이 이어져 추가로 대폭 확충할 예정이다. 2단계부터는 축적된 복제기술에 의해 보다 저비용으로 추가 확충이 가능하다. 다만 코로나 사태로 인해 예정된 기간 내 목표 완수가 어려울 수도 있다.

9. 초소형위성으로 425 군 정찰위성 재방문 공백시간을 보완할 수 있는가?

초소형위성은 중량이 제한되어 탑재할 수 있는 센서의 중량이나 크기, 선명도의 성능 등에 많은 영향을 주기 때문에 기술적으로 1m급 저해상도 정도만을 구현할 수밖에 없다. 따라서 정교한 식별이 요구되는 북한의 핵탄두나 미사일, 이동식발사대(TEL) 등을 적시에 탐지·구별·식별할 수 없어 고해상도 軍정찰위성의 감시공백을 보완할 할 수 없다. 미사일이나 TEL의 종류를 식별할 수 있는 해상도는 EO/SAR영상이 최소한 30cm급 이내의 고해상도이어야 하며 그것도 고도로 숙련된 판독관에 의해서만 가능하기 때문에 1m급 초소형위성의 영상은 군정찰위성의 성능을 보완하기에는 역부족이다.

키 리버와 대릴 프레스가 주장하는 초소형 위성의 보조적 기능은 우리 군에서 아직까지는 군사적 가치가 매우 낮다. 미국방성이 담당하는 전 세계적 전장환경과 우리군의 한반도 전장환경과는 현저한 지형적·군사적 특성의 차이가 있기 때문이다. 미군은 일반적으로 초소형 위성 영상으로부터 국제항구를 왕래하는 선박활동이나 사막지역과 같은 넓은 개활지에서의 차량활동(테러/불법거래 활동 첩보자료) 등 장기간 자료축적이 요구되면서도 군사 정찰위성의 수집 우선순위에서는 벗어나는 백업자료로 초소형 위성 영상 데이터를 주로 활용하는 것으로 알려져 있다. 초소형 위성도 성능이나 보안정책 문제로 군에서 직접 운용은 제한되는 것으로 알려져 있다. 한편, 드론이나 UAV에 의한 보조적 기능은 우리 군에서도 전술제대급에서 이미 상당수준으로 발전 중이다.

10. 미국이 제안한 Five eyes 정보동맹에 한국이 가입할 경우 장점은?

북한의 핵·미사일·사이버 위협 등에 대한 미국 외 영국, 호주, 캐나다, 뉴질랜드와의 정보공유로 적시성과 신뢰도, 완전성이 증대될 것이다. 또한 북한 외에 잠재적 위협국이나 해외 파병국, 위험지역 등에 대한 해외 및 국제정보 공유가 가능하여 주변국의 위협, 해외파병 지역정보와 파병군인의 안전, 국민피랍 사고 예방 및 조치, 여행 중인 우리 국민들의 안전을 위한 정보공유가 가능하다. 또한 북핵·미사일 등이 불법적으로 제 3국이나 해외 테러단체·조직에게 확산될 수 있는 각종 정보공조로 국제사회의 비확산 노력에도 기여할 수 있다. 나아가 선진국들과 첨단 정보기술분야에서도 교류와 협력을 통해 발전시킬 수 있는 계기가 마련되는 장점이 있다.

11. 우리 군에 사드 배치가 추가적으로 필요한 이유는 무엇인가?

현재 주한미군이 보유한 사드 1개 포대로는 우리 수도권의 주요시설이나 국민의 안전을 보장받을 수 없다. 우리가 가지고 있는 패트리엇이나 M–SAM으로는 하층방어만 가능하며 1차 요격 실패시 추가 요격 기회가 없어서 국민의 대량 피해가 불가피하다. 따라서, 다층방어가 가능하도록 하기 위해서 하층으로 떨어지기 전단계인 중층에서 먼저 요격 가능한 사드가 추가로 필요하다. 또한 마하 10 이상의 극초음속 미사일을 요격할 수 있는 사드체계가 필요하다. 패트리엇과 M–SAM은 마하8 이상은 요격이 불가하다. 북한이 제일 많이 보유하고 있는 스커드와 노동미사일로 고각 사격시에는 하강 속도가 마하 10정도로 상승하기 때문에 수도권 지역에 매우 위협적이다. 사드는 마하 14까지 요격이 가능하다. 이러한 능력을 갖추려면 사드급 성능을 갖춘 첨단요격체계의 추가배치가 적기에 필요하다.

☞ 북한이 미사일을 우리 쪽으로 공격하면 공중으로 상승하다가 최대 고도에 이르게되면 다시 목표방향으로 하강하는데, 하강하는 단계를 종말단계라고 하며, 종말단계는 다시 상층(150-500km), 중층(40-150km), 하층단계(40km 이하-목표)를 거쳐 하강하면서 목표를 타격한다. 현재 우리 군은 하층단계에서 PAC-3 미사일(20-30km)과 M-SAM 미사일(15-20km)로 요격이 가능하다. 단지 중층단계와 상층단계에서는 요격체계가 구축되지 않아 우선적으로 중층단계 요격체계 구축을 통해 다층으로 북한의 미사일을 요격하는 체계를 보강해야 한다. 김정은 시대 북한의 핵·미사일 역량이 매우 커졌기 때문에 우리 국민의 안전이 위중한 상황에 처해 있어 중층단계에서 첨단요격체계인 사드급 요격체계 배치가 시급하다.

☞ 개발 중인 L-SAM(40~60km)은 2026년에 전력화 예정이지만, 연구 진행 중인 사드급 L-SAM2(40~150km)는 빨라야 2033년도나 전력화가 가능하여 북핵·미사일을 중층에서 요격 및 방어할 수 없다. 따라서 최단기간인 향후 2-3년 내에라도 실전배치하여 국민의 안전을 적기에 보장할 수 있는 사드급 요격체계의 추가배치가 우선적으로 요구되고 있다. 물론 L-SAM계열의 요격체계는 지속적인 성능개량을 통해 다층방어체계 강화와 방위산업 발전에도 기여해야 할 것이다.

12. 주한미군의 사드 배치로 인해 중국의 경제보복이 있었고, 지금까지도 지속되고 있는데 사드를 추가배치 하면 중국이 강력히 반발하지 않을까?

주한미군이 사드포대를 배치했을 때 중국의 많은 반대가 있었다. 주한미군의 사드가 중국 자신들을 겨냥한다는 우려 때문이었다. 그러나 대한민국에 현실로 다가온 북한의 고도화된 심각한 핵과 미사일 위협에 대해 우리 스스로의 자주국방 강화 차원에서 사드 장비를 구매하여 배치할 경우 중국이 문제 삼을 수 있는 명분이 전혀 없으며, 이는 대한민국의 주권에 관한 문제이기도 하다.

13. 다영역 작전에 유용한 정보융합을 구현하기 위한 인력 양성에 가장 필요한 우선순위는 무엇인가?

정보융합에는 고도의 전문분석관과 영상판독 및 암호해독관, 그리고 빅데이터 관리와 융합분석 첨단시스템 등이 요구된다. 이 중 정보분석과 판단의 영역은 정보전문가들의 몫이다. 정보분야별 전문가는 주기적인 교육여건이 보장되어 레벨업 관리가 되어야 하고, 동일 또는 유사분야에서 장기간 근무함으로써 노하우와 통찰력을 발휘할 수 있는 제도적 장치(미군의 선임분석관 운용제도 등)가 마련되어야 한다. 미국은 영상판독을 전문으로 하는 대학의 학위과정도 개설되어 있다. 이러한 점에서 지속적인 학군 협력도 요구된다.

| 저자소개 |

홍규덕 | 숙명여자대학교 정치외교학과 교수

고려대학교 정치외교학과를 졸업한 후, 미국 사우스 캐롤라이나 대학교 국제정치학석사 및 박사 학위를 마치고 현재 숙명여자대학교 정치외교학과 교수로 재직 중이다. 주요 경력으로 제17대 대통령직 인수위원회 외교안보분과 국방담당 상임자문위원, 국방부 국방개혁실장, 민주평통 상임위 외교안보분과위원장, 숙명여자대학교 사회과학대학장과 교무처장을 역임하고, 현재 국제정책연구원(IPSI-KOR) 원장, 국가보안학회 회장, 한국 평화활동학회 회장, 제네바 DCAF 동아시아 SSG포럼 한국대표로 활동하고 있으며, 국방부, 합참, 공군, 해군, 외교부 정책자문위원, 한미동맹재단 고문으로서 한국 외교 안보 정책 분야 전문가로 인정받고 있다. 주요 저서로는 대외정책론, 북한외교정책, 한국외교정책론, Asia-Pacific Alliances in the 21st Century, South Korean Strategic Thought toward Asia, 동아시아의 전쟁과 평화, 북핵에 대응한 국방개혁, 대전환의 파도 한국의 선택, 남북미소 등이 있으며, 방송, 기고, 강연 등을 통해 공공외교 차원에서 활발한 활동을 하고 있다.

김황록 | 한국국방외교협회 미래전략위원장

김황록 박사는 육군사관학교 40기로서 임관 이후 부대지휘관은 물론 한미연합사 정보생산·운영처장, 합참 정보융합실장, 정보사령관, 국방부/합참 정보본부장을 역임한 대북/해외정보 전문가이다. 현재 명지대/육군 3사관학교 북한학 초빙교수로 후학을 양성하며 한국국방외교협회 미래전략위원장으로 북한을 비롯한 군사적 위협에 대비한 국제협력 네트워크 개발전략을 발전시키고 있다. 주요 저서로는 '김정은 정권의 핵·미사일 고도화와 미국 상대하기 : 미국의 강압을 역(逆)강압 생존전략으로 정면돌파', '바이든 행정부의 대북정책 고찰 : 북한을 중심으로' 등을 비롯한 다수의 논문이 있다.

홍규덕 교수의 국방혁신 대전략 02
− 북한의 핵·미사일 위기와 정보역량 강화

초판 인쇄 2022년 3월 18일
초판 발행 2022년 3월 18일

지은이 홍규덕·김황록

펴낸곳 로얄컴퍼니
주소 서울특별시 중구 서소문로9길 28
전화 070 − 7704 − 1007

ISBN 979-11-978277-0-9